贵州省气候预测
关键技术

吴战平　　白　慧　　张娇艳
李忠燕　　向　波　　王　芬　　编著

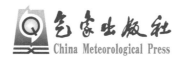

气象出版社
China Meteorological Press

内容简介

贵州省地处中国西部低纬山区,立体气候特征明显,自然灾害较重。为不断提高复杂地形下的贵州省气候预测水平,不断满足实际气候预测业务需求,本书系统地介绍了贵州省季节气象灾害预测指标的构建、夏季旱涝和冬季冻雨的预测信号与概念模型、延伸期强降水过程低频预测模型、动力模式产品在气候预测业务中的应用和评估、气候预测系统建设以及气候变化背景下降水对滑坡地质灾害的影响。

本书是一部具有地方特色的专业书籍,内容丰富,实用性强,可为贵州省各级气象台站开展业务服务和科学研究提供技术指导,同时也可为其他省(区、市)开展相关方面的工作提供参考。

图书在版编目(CIP)数据

贵州省气候预测关键技术 / 吴战平等编著. — 北京:
气象出版社,2020.6
ISBN 978-7-5029-7213-4

Ⅰ.①贵…　Ⅱ.①吴…　Ⅲ.①气候预测-贵州　Ⅳ.
①P46

中国版本图书馆 CIP 数据核字(2020)第 081920 号

贵州省气候预测关键技术

Guizhou Sheng Qihou Yuce Guanjian Jishu

出版发行:气象出版社			
地　　址:北京市海淀区中关村南大街 46 号		**邮政编码**:100081	
电　　话:010-68407112(总编室)　010-68408042(发行部)			
网　　址:http://www.qxcbs.com		**E-mail**:qxcbs@cma.gov.cn	
责任编辑:王　迪　陈　红		**终　　审**:吴晓鹏	
责任校对:王丽梅		**责任技编**:赵相宁	
封面设计:博雅思			
印　　刷:北京建宏印刷有限公司			
开　　本:787 mm×1092 mm　1/16		**印　　张**:10	
字　　数:256 千字			
版　　次:2020 年 6 月第 1 版		**印　　次**:2020 年 6 月第 1 次印刷	
定　　价:65.00 元			

前　言

近百年来,地球气候正经历一次以全球变暖为主要特征的显著变化,特别是20世纪80年代以来全球气温明显上升,造成全球气候都在发生变化。气候变暖使得冰冻圈冰川开始融化,海平面加速上升,大气水分循环发生重大调整,导致大范围的异常气候事件频繁发生。如何对气候的异常变化做出预测,已成为一个迫切需要解决的重大科学问题。

贵州省地处中国西部低纬山区,全省面积17.6万平方千米,其中92.2%的面积为山地和丘陵,立体气候特征明显,自然灾害较重。由于复杂地形下气候预测难度大,在实际气候预测业务中往往无法满足需求。因此,不断加深对气候系统变化规律的认识,不断探索贵州省气候预测新技术、新方法,成为一项重大而紧迫的任务。

在全球变暖的背景下,影响大气环流变化的预测强信号发生改变,重新建立气候诊断及预测模型迫在眉睫。随着科学技术的发展,传统的主观统计预测方法因缺乏大气运动的数学物理理论支撑而逐渐被客观动力模式预测系统取代,客观预测的发展重要性日益凸显。随着"大数据技术"的飞速发展,与时俱进地将大数据信息挖掘理论应用于气候预测中为我们提供了一种全新的技术探索途经。基于以上关键技术和对近十年的研究成果进行梳理和提炼,形成了《贵州省气候预测关键技术》一书。

全书共7章,由吴战平、白慧、张娇艳、李忠燕、向波、王芬共同编著。第1章,贵州省季节气象灾害预测指标的构建;第2章,贵州省夏季旱涝的预测信号和概念模型;第3章,贵州省冬季冻雨的预测信号和概念模型;第4章,贵州省延伸期强降水过程低频预测模型;第5章,动力模式产品在气候预测业务中的应用和评估;第6章,贵州省气候预测系统建设;第7章,气候变化背景下降水对滑坡地质灾害的影响。

在本书的编写过程中,得到了贵州省气象局张东海、王烁、陈早阳、王玥彤等同志的协助。本研究所使用的全球气候模式气候变化预估数据,由国家气候中心研究人员对数据进行整理、分析和惠许使用。原始数据由各模式组提供,由 WGCM(JSC/CLIVAR Working Group on Coupled Modelling,耦合模式工作组)组织 PCMDI(Program for Climate Model Diagnosis and Intercomparison,气候模式诊断和对比计划委员会)搜集归类。多模式数据集的维护由美国能源部科学办公室提供资助。在此表示衷心感谢!

　　我们衷心地期待本书的出版对贵州省气候预测理论研究和预测业务发展起到些许推动和借鉴作用。受作者专业和知识水平以及经验所限,书中错误和不足之处在所难免,敬请广大读者指正。

作者

2019 年 11 月

目 录

第1章

贵州省季节气象灾害预测指标的构建

季节变化与人类的生产生活息息相关,四季交替以及开始日期的提前或推迟都会不同程度地影响人类以及其他动植物的生存(张东海 等,2014)。贵州省属于低纬山区,地处青藏高原东南侧的云贵高原北部,地形复杂(张东海 等,2015)。境内各地由于地势高差悬殊,形成了独特的立体气候差异特征。采用科学的、适宜不同地区的气候季节划分标准和方法,对于季节气象灾害相关的基础科研、气候业务和气候服务都具有十分重要的科学意义和应用价值(张东海 等,2014)。贵州省是气象灾害灾种较多、灾害频繁、影响危害程度较严重的省份,比较典型的气象灾害包括春末夏初入汛以后的雨季、夏季旱涝、秋风、秋绵雨、冬季冻雨等。上述的典型气象灾害给贵州省经济社会发展和人民生产生活造成重大影响,如"2008年贵州省特大凝冻灾害""2009—2010年贵州省特大干旱灾害""2011年贵州省望谟'06·06'特大洪涝灾害""2002年贵州省全省性秋风灾害"和"2012年贵州省大部地区出现秋绵雨,西部达重或特重量级"等。在《贵州省短期气候预测技术》(李玉柱 等,2001)中系统地对贵州主要气候灾害划分标准进行了梳理和部分修改,包括贵州春旱、夏旱、暴雨洪涝、倒春寒、秋风、秋绵雨、寒潮、夏季高温及雨季和冬季凝冻及低温等,随着时间的推移以及气候预测业务的发展,原用气候指标采用的划分标准和计算时段都存在适用性问题。本章基于贵州省典型的气象灾害事实,结合国家气候中心下发的相关气候监测指标,建立省级和国家级相对统一的监测预测指标体系;同时,也利用观测要素或现象来挖掘和提炼研究对象,建立适宜贵州省的监测预测质指标,为贵州省气候灾害的成因分析和机理研究奠定理论基础,为贵州省气候预测服务提供更为合理的科学参考依据。

1.1 气候季节

通常,我们习惯将一年平分为春、夏、秋、冬4个季节,即3—5月为春季,6—8月为夏季,9—11月为秋季,12月—次年2月为冬季(徐晓 等,2010),这种季节划分方法较适用于四季分明的温带地区,但由于太阳辐射纬向分布不均匀,热带地区常年无冬,高纬地区常年无夏(张邦林 等,1998;薛峰 等,2002)。贵州省地处云贵高原东部,境内地势西高东低,海拔最高2900 m(西部韭菜坪)与最低137 m(东部木介河口)之间高差达2763 m,大部分地区海拔在1000 m左右,境内山岭连绵,峰谷相间,地形复杂,受山脉屏障和局地地形影响,多形成低山河谷暖带和局地暖区暖带,与同属亚热带的我国东部地区比较,冬温偏高、夏温偏低(王霞 等,1998)。针对贵州省低纬山区的特殊地理位置选择科学的适宜不同地区的气候季节划分标准和方法,对于基础科研、气候业务和气候服务都具有十分重要的科学意义和应用价值。本小节基于中国气象局制定实施的国家气象行业标准——《气候季节划分》(QX/T 152—2012)(陈峪 等, 2012),对贵州省地区的气候季节进行划分,并给出适用性分析。

1.1.1　气候季节分区

依据《气候季节划分》(QX/T 152—2012)(陈峪 等,2012)中常年气候季节划分方法,利用贵州省1981—2010年日气候标准值资料对贵州省地区进行常年气候特征分区(图1.1),贵州省地区可以明显地分为无夏区、无冬区和四季分明区这3类。无夏区主要集中在省西部地区,包括毕节市中西部、六盘水市大部及黔西南州北部;无冬区主要集中在省西南部边缘,包括黔西南州东南部、黔南州西南角;其余大部分地区为四季分明区(张东海 等,2014)。

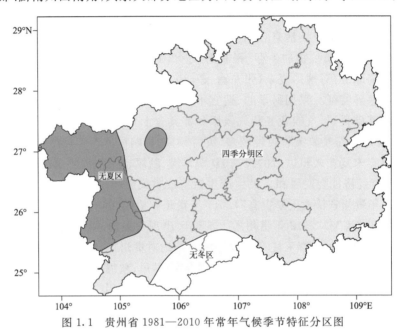

图1.1　贵州省1981—2010年常年气候季节特征分区图

1.1.2　气候季节特征

图1.2给出了贵州省1981—2010年常年春、夏、秋、冬四季开始日期的空间分布,可以看出,省西南部边缘无冬区最早入春(1月1日),南部地区于2月上旬至下旬由南向北逐渐入春,赤水河谷地带也于2月上旬进入春季,至3月上旬铜仁中部、黔东南中北部及北部局地开始入春,然后逐渐向东部边缘及中西部地区扩展,直到3月下旬局地高海拔地区才入春,至此全省进入春季(图1.2a);夏季开始日期与春季开始日期类似,省西南部边缘无冬区于4月中下旬入夏,5月中上旬南部其他地区、铜仁中部及局地、赤水河谷地带进入夏季,然后自东向西、由南向北开始入夏,一直到7月除西北部无夏区外,省中部及局地高海拔地区才入夏(图1.2b);秋季开始日期与春季和夏季开始日期分布特征相反,秋季最早开始于省西北部的无夏地区,由春季直接进入秋季(7月开始),8月上旬至9月上旬由省东北部向西南部和中北部发展,9月中旬遵义北部、铜仁东部和黔东南中东部开始入秋,9月下旬赤水河谷、铜仁中部、黔东南北部及南部局地进入秋季,南部边缘地区直到10月上旬才入秋(图1.2c);冬季最早开始于毕节西部的高海拔地区(10月下旬),11月中上旬毕节大部、六盘水中北部、安顺东北部、贵阳

大部及局地进入冬季,然后逐渐向北向东发展,南部除无冬区外,其余地区于 12 月中下旬才入冬,全省进入冬季(图 1.2d)。

　　总体来说,春季和夏季最早开始于省西南部边缘,然后逐渐由南向北、自东向西入季;秋季和冬季最早开始于省西北部,之后逐渐自西向东、由北向南入季(张东海 等,2014)。

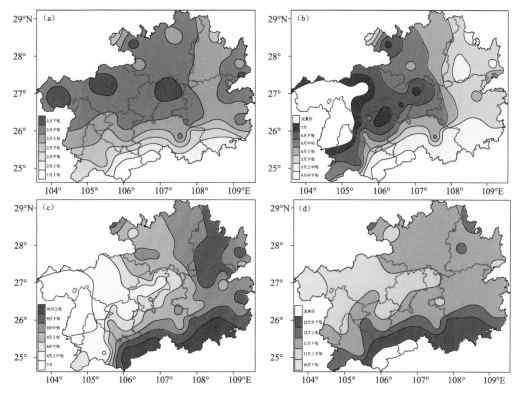

图 1.2　贵州省 1981—2010 年常年春季(a)、夏季(b)、秋季(c)和冬季(d)开始日期空间分布图

　　图 1.3 给出了贵州省 1981—2010 年常年春、夏、秋、冬四季长度的空间分布,可以看出,春季长度呈西部向东部递减的空间分布特征,省东部地区春季最短,在 90 d 以下,省西南部和毕节中部春季最长,在 120 d 以上(图 1.3a);夏季长度呈南部大于东部,东部大于中西部的空间分布,省南部、铜仁大部及赤水河谷夏季长度在 120 d 以上,其中南部边缘地区在 150 d 以上,省中部、西南部和北部在 90 d 以下,其中除西北部无夏区外,毕节中部夏季不足 30 d(图 1.3b);秋季长度与春季长度空间分布类似,呈自西向东递减的空间分布,省中东部在 90 d 以下,六盘水中部、六盘水西部、黔西南局地在 120 d 以上(图 1.3c);冬季长度呈自北向南、自西向东递减的空间分布特征,冬季长度在 120 d 以上的地区主要集中在省西北部、贵阳东北部和黔南北部,南部地区除西南部边缘无冬区外均在 90 d 以下(图 1.3d)。

　　总体来讲,春季和秋季长度空间分布类似,自西向东呈递减的空间分布特征,夏季长度表现为南部大于北部,东部大于西部的空间分布特征,冬季长度为南部小于北部,大值区位于省西北部、贵阳东北部、黔南北部及局地;西部地区春季和秋季偏长,夏季偏短或无夏,东部和南部地区夏季偏长,春季和秋季偏短,西北部冬季偏长,南部冬季偏短或无冬(张东海 等,2014)。

　　通过以上分析可知,依据《气候季节划分》(QX/T 152—2012)标准(陈峪 等,2012),以气候要素(平均气温)分布状况为依据的常年气候季节划分的时间节点与天文季节(3—5 月为春季、6—

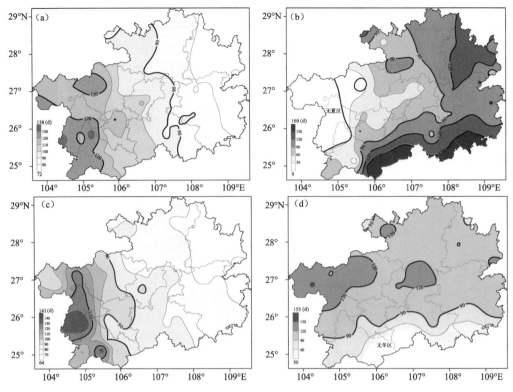

图 1.3 贵州省 1981—2010 年春季(a)、夏季(b)、秋季(c)和冬季(d)季节长度空间分布图

8月为夏季、9—11月为秋季和12月—次年2月为冬季)划分的时间节点有所不同,其划分结果气候意义更加清晰,更能够反映贵州省由于地处低纬山区,地势高差悬殊所带来的立体气候差异特征,表明该标准对贵州省地区常年气候季节的划分比较合理,具有可适用性(张东海 等,2014)。

1.2 雨季期

雨季开始日期和结束日期的监测、预测是气象服务的重要内容,对于农作物栽种安排、旅游规划和政府决策等均有十分重要的实际意义(张东海 等,2015)。但由于东亚区域地形及大气环流系统影响的复杂性,不同区域的降水在空间分布和时间变化上的差异都十分明显(王遵娅 等,2004;王英 等,2006)。例如,西南雨季、江南春雨、华南前汛期、梅雨、华北雨季、华西秋雨等天气气候现象都表明了中国不同区域降水变化的独特性和复杂性(张东海 等,2015)。西南区域地形及大气环流系统影响的复杂性,不同区域的降水在空间分布和时间变化上的差异都十分明显。贵州省地处青藏高原东南侧的云贵高原北部,地形复杂,境内各地天气气候差异大,尤其是降水时空分布不均。从气候平均上,4月随着南支槽前潮湿的西南风的建立和盛行,贵州省降水量明显增多,自东向西逐渐进入雨季,5月西南季风建立,6月夏季风强度到达峰值,雨季也进入盛期,9月降水量开始明显减少。10月冬季风建立后,降水量持续减少,其中5—10月降水量占全年总降水量的77%以上,尤其在贵州省西部干湿季划分更为明显(白慧 等,2011)。本小节基于中国气象局预报与网络司组织国家气候中心、国家气象中心和西南雨季相关的省(区、市)气象局联合编制完成的《中国雨季监测指标 西南雨季》(QX/T 396—

2017)(以下简称"标准";李清泉 等,2018),对该"标准"在贵州省范围的适用性进行分析,建立相对统一的监测指标体系,以衔接省级和国家级之间的相关业务,同时为贵州省的雨季监测与服务提供更为合理的科学参考依据(张东海 等,2015)。

1.2.1　雨季指标站点范围

根据国家级和省级天气气候业务及服务需求,采取地理行政分区、西南季风影响及监测站5—10月降水量占全年降水量大于80%的气候特征选取西南雨季监测站点,进行西南雨季区域划分。按照上述原则在贵州省选择 26 个地面气象观测站作为监测站点(图1.4),主要集中分布在贵州省西部地区(张东海 等,2015)。

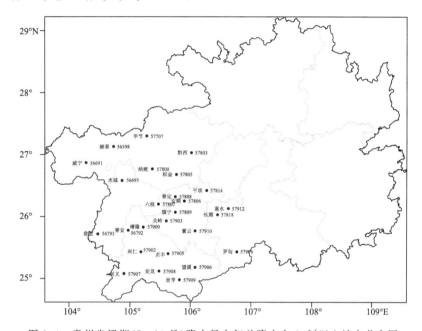

图 1.4　贵州省汛期(5—10月)降水量占年总降水在 80% 以上站点分布图

1.2.2　月、季降水分布特征

图 1.5 为冬季风向夏季风转换期间 4—6 月贵州省逐月降水量的气候分布,可以看出贵州省降水变化的区域差异比较明显。4月省东部地区降水量偏多比较突出,均在 100 mm 以上,其中东部边缘地区超过 120 mm,而西部地区降水比较少,均在 60 mm 以下,威宁不足 40 mm;5月降水量超过 100 mm 的范围扩大,除省西北部地区外,全省其余地区均在 140 mm 以上,局地超过 200 mm;6月省西南部地区降水明显加强,超过 250 mm,局地在 300 mm 以上;4—6月降水量大值区主要位于省南部地区,超过 500 mm。

从 4—6 月贵州省月降水量的变化来看,降水量的增加首先出现在省东部,然后逐渐向西向南扩展,这一特征在一定程度上反映了贵州省雨季从东向西、向南推进的过程,表明贵州省雨季首先从东南部开始的气候特征(张东海 等,2015)。

图 1.6 所示为夏季风向冬季风转换的 9—11 月关键时期贵州省地区逐月降水量的气候分布,9月从整体来看贵州省降水明显减少(低于 100 mm)的地区出现在省中东部,然后逐渐向

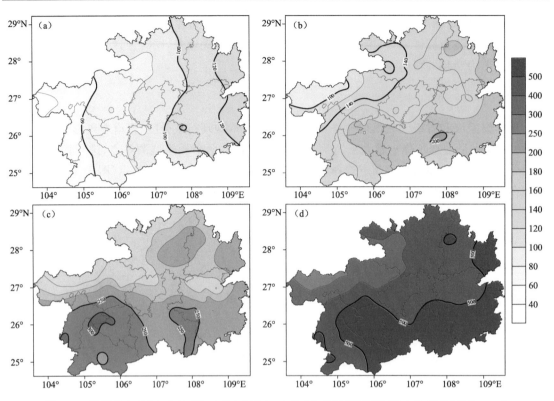

图 1.5 贵州省 4 月(a)、5 月(b)、6 月(c)和 4—6 月(d)多年气候平均降水分布图(单位:mm)

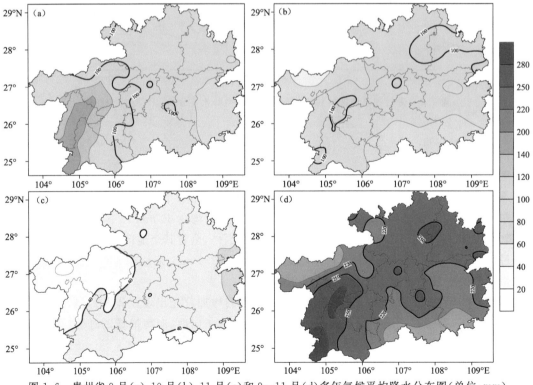

图 1.6 贵州省 9 月(a)、10 月(b)、11 月(c)和 9—11 月(d)多年气候平均降水分布图(单位:mm)

西扩展,10月除贵州省东北部及西部局地月降水量超过100 mm外,其余地区已经明显减弱,11月全省降水量减少至80 mm以下,其中省西北部地区及局地降水不足40 mm。值得注意的是,尽管省东部是降水最早开始减弱的地区,而之后10—11月该区域的降水量与其他地区相比并不是最少的。总体上看,9—11月总降水量分布也反映了西南部和东部是9—11月降水量相对较多的区域,其中西南部区域降水量主要是9月的贡献,而东部区域降水量主要是10—11月雨带自西向东收缩的贡献(张东海 等,2015)。

1.2.3　候雨量演变特征

参照西南雨季监测指标中确定雨季开始和结束的雨量划分方法(强学民 等,2008a,b;梁萍 等,2010;晏红明 等,2013),对贵州省满足"标准"中雨季监测条件的26个站候雨量演变特征进行分析。如图1.7a所示,贵州省西部雨季监测区域(26站)的气候平均候雨量降水强度总体上在进入3月后呈逐渐增加趋势,6月达到峰值,8月之后呈逐渐减少趋势,其中冬季风向夏季风转换期间(4—6月)、夏季风向冬季风转换期间(9—11月)的候雨量变化分别呈明显上升、下降趋势,1—2月和12月候雨量变化的波动较小(稳定≤5 mm)。结合"标准",雨季开始日期以$\overline{R}_{36}$为阈值(28.7 mm),于5月第5候(29候,指在全年72候中按顺序所在候数,下同)开始稳定≥$\overline{R}_{36}$。再考虑气候平均逐候雨量的降水范围大小(晏红明等,2013),图1.7b给出了贵州省西部雨季监测区域(26站)气候平均逐候雨量超过$\overline{R}_{36}$的站点数占监测区域总站数的百分比,百分比稳定≥60%的时间出现在5月第6候(30候)(张东海 等,2015)。

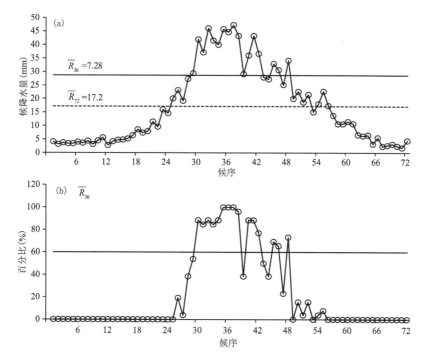

图1.7　贵州省雨季监测区域26站多年平均候雨量(a)及单站候雨量超过$\overline{R}_{36}$(b)
的站点数占监测总站数百分比

1.2.4　贵州省西部雨季开始和结束日期的气候特征

图 1.8 给出了贵州省西部雨季监测区域(26 站)1981—2010 年气候平均雨季开始和结束日期空间分布,可以看出,雨季最早开始于黔南西部、毕节东部和安顺南部(5 月第 1 候),然后逐步向西推进,最晚进入雨季的是省西部地区(5 月第 3 候),其余地区的开始时间在 5 月第 2 候,总体上,贵州省西部雨季监测区域(26 站)雨季开始日期为 5 月 10 日(监测站点百分比≥60%);雨季结束日期的分布与开始日期类似,最早结束于黔南西部、安顺南部和黔西南东部地区的(10 月第 1~2 候),逐步向西向北推进,毕节南部和六盘水北部地区雨季结束最晚(10 月第 5 候),其余地区的结束时间在 10 月第 4 候。总体上,贵州省西部雨季监测区域(26 站)雨季结束日期为 10 月 17 日(监测站点百分比≥60%)(张东海 等,2015)。

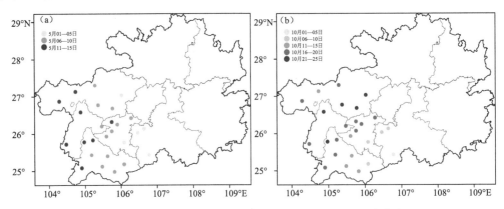

图 1.8　贵州省西部雨季监测区域(26 站)1981—2010 年气候
平均雨季开始(a)和结束(b)日期空间分布图

1.3　夏季旱涝

夏季旱涝是中国最常见、影响严重的气候灾害。在夏季干旱发生的同时,高温伴随出现,造成旱情加重,而大面积的持续干旱往往会造成饮水和用水的短缺,带来严重的社会影响(李忠燕 等,2016)。统计结果表明,干旱灾害发生频率最大位于华北和西南地区(黄荣辉 等,2002)。近几年,随着全球变暖,中国华北和东北南部以及西南地区干旱灾害更加严重。而降水偏多时,往往会有洪涝以及滑坡、泥石流等地质灾害相继发生,这也给工农业生产和人民的生活带来重要的影响。贵州省特殊的喀斯特地貌特征,地形破碎,不利于蓄水,加上降水时空分布不均,地区能够有效利用的水资源匮乏,水资源和农业生产对气候变化依赖性强,特殊的地理条件和气候使旱涝成为贵州省夏半年最常见的自然灾害,其中干旱主要以春旱、夏旱、秋旱影响较大(吴站平 等,2011),尤以春、夏旱对农业生产影响最大(黄晓林,2003;彭茜 等,2006)。本小节总体给出了近 40 年夏季旱涝异常演变特征,并基于贵州省气候特点构建了优化改进后的标准化前期降水指数 SAPI*(白慧 等,2013),以更加准确地描述干旱过程。

1.3.1　近 40 a 夏季旱涝异常演变特征

图 1.9 给出了贵州省 1971—2012 年贵州省夏季降水量距平百分率的时间序列。从图中

可以看出,贵州省夏季降水量距平百分率存在较大的年际和年代际差异。在 20 世纪 70 年代,干旱和洪涝交替发生,其中 1972 年为历年夏季降水最少年,全省偏少 50%,而 1979 年为历年降水最多年,全省夏季降水偏多 34%。而进入 20 世纪 90 年代以后,夏季降水明显增多,降水偏多年达 7 年,其中有 4 年为异常偏多年,与此同时,洪涝和地质灾害时常发生,影响工农业生产。而进入 21 世纪后,贵州省由原来的偏涝趋势逐渐转变为干旱趋势,夏季降水明显减少,降水偏少年达 8 年,持续性大面积的干旱时常发生(李忠燕 等,2016)。

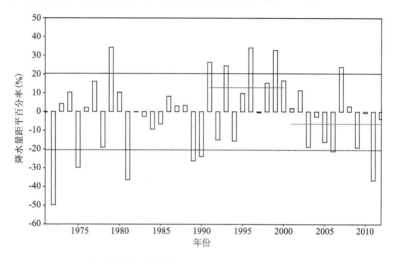

图 1.9　1971—2012 年贵州省夏季降水量距平百分率变化(黑实线:+σ,黑虚线:−σ,
红实线:20 世纪 90 年代平均值,红虚线:2001—2012 年平均值,σ:标准差)

1.3.2　逐日气象干旱指标 SAPI* 定义

本小节借鉴前期降水指数 API、SAPI 和统计时间序列标准化方法(赵海燕 等,2011;张书余,2008;王春林 等,2012;胡基福,1996),提出标准化前期降水指数 SAPI*,作为逐日气象干旱指标。API 计算公式为:

$$I_{AP}(i) = \sum_{d=0}^{\infty} k^d \cdot P(i-d) \tag{1.1}$$

式中,$I_{AP}(i)$ 为第 i 日 API;k 为衰减系数,本小节中 $k(0 < k \leqslant 1)$ 取经验值 0.955(王春林 等,2012),选取 k 值较大时能相对降低 API 对当前降水敏感性,当 k 为 1 时表示没有衰减,等同于等权累加;k^d 综合反映当日降水和前期降水持续时间、降水强度和降水间断时间对当日旱涝呈指数递减的影响,当日降水权重为 1,随着时间距离 d 的增加降水权重呈指数递减,当 $d=100$ 时,$k^d=0.01$;$P(i-d)$ 为第 $(i-d)$ 日水量(mm)。由于不同时间、不同地区 API 变化幅度很大,直接采用 API 进行干旱监测不便于在不同时空尺度上相互比较,因此采用 API 的标准化变量 SAPI* 作为逐日气象干旱指标。SAPI* 计算公式为:

$$\text{SAPI}^*(i) = \frac{\text{API}(i) - \overline{\text{API}(i)}}{\sigma_{\text{API}(i)}} \tag{1.2}$$

式中,SAPI*(i) 为第 i 日 SAPI*;API(i)、$\overline{\text{API}(i)}$ 和 $\sigma_{\text{API}(i)}$ 分别为第 i 日的 API、第 i 日的 API 的同期气候平均值和第 i 日的 API 同期气候时段的标准差。逐日气象干旱指数 SAPI* > 0,表明该日的前期累积降水与历史同期相比偏多;SAPI* < 0,表明该日的前期累积降水与历史

同期相比偏少;SAPI* =0,表明该日的前期累积降水与历史同期相比相当。通过上述计算可以将偏态分布的降水量转换成近似正态分布的 SAPI* (图略),消除了不同地区、不同时间的降水量变化对干旱等级的不同影响,也为 SAPI* 在以下的统计分析提供了可行性(白慧 等,2013)。

1.3.3　逐日气象干旱指标 SAPI* 分级标准

基于标准化前期降水指数 SAPI* 的客观性,通过概率统计将其逐日干旱标准分级如表1.1所示。定义 SAPI* 连续 10 d 为轻旱以上等级,则确定发生一次干旱过程。干旱过程的开始日期为第 1 天 SAPI* 从无旱等级转变为轻旱(或以上)等级的日期(不包括无旱日),在干旱发生期,当 SAPI* 连续 10 d 为无旱等级时干旱解除,同时干旱过程结束,干旱过程的结束日期为最后一次 SAPI* 从轻旱(或以上)等级转变为无旱等级的日期(不包括无旱日)。干旱过程天数为干旱开始日期至结束日期之间的天数。干旱过程强度指数为干旱过程中逐日 SAPI* 之和除以干旱过程天数。通过将逐日降水量转化为 SAPI* ,将更加直观、有效地对气象干旱过程进行监测及预测,提高对气象干旱过程发生、发展、结束过程的把握(白慧 等,2013)。

表 1.1　基于标准化前期降水指数 SAPI* 的逐日气象干旱等级

等级	类型	范围	理论概率(%)
1	无旱	$(-0.5, +\infty)$	64.0
2	轻旱	$(-1.0, -0.5]$	22.2
3	中旱	$(-1.5, -1.0]$	11.1
4	重旱	$(-2.0, -1.5]$	2.6
5	特旱	$(-\infty, -2]$	0.1

1.3.4　SAPI* 干旱频率分布

贵州省全年气候平均轻旱、中旱、重旱和特旱日频率分别为 21.4%、11.4%、2.4% 和 0.2%,合计旱日频率为 35.3%(表 1.2)。与表 1.1 中 SAPI* 理论频率相比,贵州省平均 SAPI* 轻旱、重旱及总旱日频率略低,中旱和特旱频率略偏低,总体上一致,进一步表明 API 经过时间序列标准化转换后的 SAPI* 基本符合正态分布。SAPI* 旱日频率在各季节的主要发生时段是夏季和春季,具体表现为轻旱较易发生在冬季,春季次之;而中旱、重旱和特旱较易发生在夏季,春季次之。另外,在降水量占全年降水量 85% 的汛期(4—10 月)中旱、重旱、特旱和总旱日频率要略高于非汛期(11 月至次年 3 月),而轻旱日频率略低于非汛期(白慧 等,2013)。

表 1.2　贵州省逐月气候平均旱日各等级频率(1981—2010 年)

月份	月降水量(mm)	SAPI* 旱日频率(%)				
		轻旱	中旱	重旱	特旱	合计
1	28.3	22.0	12.9	2.0	0.1	37.0
2	31.3	25.0	9.4	1.4	0.1	35.9
3	46.9	21.7	11.3	2.5	0.1	35.6
4	91.3	21.3	11.7	2.3	0.1	35.4

续表

月份	月降水量(mm)	SAPI* 旱日频率(%)				
		轻旱	中旱	重旱	特旱	合计
5	164.4	20.9	11.4	2.6	0.2	35.1
6	218.3	19.7	11.3	3.2	0.4	34.6
7	196.6	21.8	11.0	2.3	0.1	35.2
8	144.7	20.1	13.2	2.7	0.1	36.1
9	97.5	21.0	11.4	2.5	0.2	35.1
10	88.8	22.7	11.4	2.0	0.2	36.3
11	45.9	19.7	11.1	2.6	0.2	33.5
12	22.8	20.3	11.2	2.7	0.2	34.4
全年	1176.9	21.4	11.4	2.4	0.2	35.4
春季	302.6	21.3	11.4	2.5	0.2	35.4
夏季	559.6	20.6	11.8	2.7	0.2	35.3
秋季	232.2	21.1	11.3	2.4	0.1	34.9
冬季	82.4	22.4	11.2	2.1	0.1	35.8
汛期	1001.6	21.1	11.6	2.5	0.2	35.4
非汛期	175.2	21.7	11.2	2.3	0.1	35.3

从贵州省全年气候平均各等级 SAPI* 旱日频率空间分布看(图1.10),轻旱较易发生在黔西北、黔中以东地区;中旱较易发生在黔东北和黔南部分地区;重旱日和特旱日频率的空间分布相似,都较易发生在黔西南、黔南、黔东南和黔北部分地区。结合以上对 SAPI* 干旱频率的时间分布特征分析,可以发现在贵州省降水较少的季节或者地区,较易发生一般性干旱,而在贵州省降水较多的季节或者地区较易发生重型干旱(白慧 等,2013)。

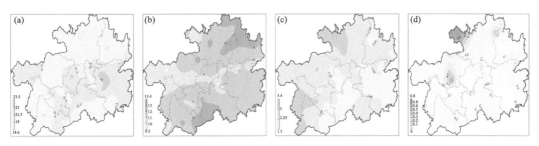

图 1.10　贵州省全年气候平均各等级 SAPI* 旱日频率(%)空间分布图(1981—2010 年)
(a)轻旱日频率,(b)中旱日频率,(c)重旱日频率,(d) 特旱日频率

1.3.5　SAPI* 对干旱过程的描述能力

贵州省 2009 年 1 月 1 日至 2011 年 12 月 31 日逐日 SAPI* 及降水量变化曲线(图1.11),期间发生两次明显的干旱过程,一次开始于 2009 年 8 月 22 日,结束于 2009 年 12 月 11 日,期间旱情有所缓解,接着又一次干旱过程开始于 2010 年 1 月 3 日,结束于 2010 年 4 月 12 日,这次跨年干旱过程持续了 212 d,过程强度指数为－1.01。另一次开始于 2011 年 2 月 22 日,结束于 2011 年 6 月 13 日,期间 6 月中下旬至 7 月初的集中降水过程对旱情有所缓解,但从 2011

年 7 月开始全省主要为高温晴热天气控制(图略),导致干旱迅速发展,在 2011 年 7 月 9 日至 2011 年 9 月 30 日期间又一次干旱过程发生,该夏秋连旱过程断断续续共 84 d,过程强度指数 为 -1.26。2011 年夏秋连旱过程明显重于 2009—2010 年跨年干旱过程,这与前期降水在相 当长的时间内持续偏少,导致水资源存量严重不足密切相关,并且可以发现逐日 SAPI* 曲线 呈典型"锯齿型"波动,随着降水量持续偏少而持续下降,没有出现因为明显的降水移出统计窗 口而导致的"不合理旱情加剧"问题,表明 SAPI* 能够有效刻画干旱累积效应,客观反映干旱 的发生、发展和结束过程(白慧 等,2013)。

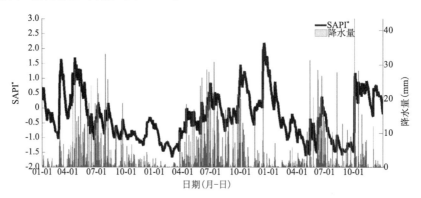

图 1.11　贵州省 85 站平均 2009 年 1 月 1 日至 2011 年 12 月 31 日逐日 SAPI* 与降水量

1.4　秋风、秋绵雨

　　秋风(8 月 1 日至 9 月 10 日)、秋绵雨(9 月 1 日至 11 月 30 日)是对贵州省农业生产危害 较大的低温、阴雨天气之一。严重的秋风天气会导致贵州省内局部地区粮食产量大幅度下降, 而严重的秋绵雨,主要对成熟期的秋收作物造成危害、影响秋耕秋种的正常进行而延误农时 (李忠燕,2013;冯志江 等,2019)。因此,深化对贵州省秋风、秋绵雨气候特征的认识,是气候 预测科研及业务的科学基础。

1.4.1　秋风气候态特征

　　秋风冷害是指在夏末秋初由于北方冷空气南下出现对水稻抽穗扬花有不利影响的低温天 气(许炳南 等,2006)。在贵州省,通常把每年 8 月 1 日至 9 月 10 日,凡出现日平均气温 ≤20.0 ℃(西北部地区海拔 1500 m 的测站,日平均气温≤18.0 ℃),并持续 2 d 或者以上的时 段(从第 3 d 起,允许有间隔一天的日平均气温≤20.5 ℃,海拔 1500 m 以上的测站,允许有间 隔一天的日均温≤18.5 ℃),定为秋风天气过程(李玉柱和许炳南,2001)。

　　从贵州省 1981—2010 年秋风过程次数的空间分布可以看出(图 1.12),贵州省内各地年 均秋风次数基本上在 0.2 次以上,其中部分站点达到了 3 次以上。全省年均秋风次数最大值 位于贵州省纳雍至威宁一带,年均秋风次数多达 3 次以上;开阳、习水为次大值区域,年均秋风 次数达 2 次以上。贵州省秋风天气强度有自西向东部或向东南部、东北部递减的分布规律。 贵州省气象部门根据各种指标将全省分为 5 个秋风区:基本无秋风区(该区内极少发生秋风天 气);轻秋风区(年平均秋风过程次数在 0.2 次以下,平均 5 年以上出现一次轻度秋风天气);中等秋风区(年平均秋风过程次数为 0.2～1.0 次);重秋风区(年平均秋风过程次数为 1.1～3.0 次,平均每 5 年有 2 年出现重度秋风);严重秋风区(年平均秋风次数在 3.0 以上,重度秋风平均每年超过 1.2 次)。根据这一规定,结合年均秋风过程次数分布图可知,纳雍至威宁一带的省西北部以及开阳、习水均为重秋风区;而省部边缘的册亨、望谟、罗甸、荔波、榕江和从江 6 个县为基本无秋风区。时间序列呈增长趋势,其振幅超过一个标准差的年份有 7 a,其中有 4 a 集中在 2000—2010 年(李忠燕,2013)。

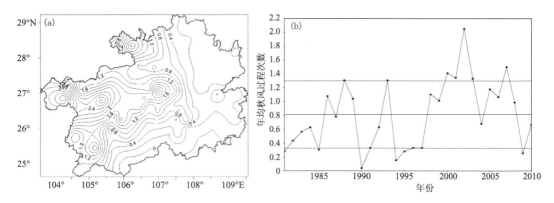

图 1.12　1981—2010 年贵州省 78 站年均秋风过程次数的空间分布(a)
和时间序列(b)(实线:平均值;虚线:平均值±标准差)

1.4.2　秋风过程次数 EOF 主模态特征

1981—2010 年 30 a 贵州省 78 站异常秋风过程次数 EOF 前 5 模态的方差贡献率为 78%,第一模态的方差贡献率占到前 5 模态的一半以上,为 52%,表明第一模态能较好地体现异常秋风次数的时空分布特征。贵州省秋风过程次数的空间分布表明全省呈同位相变化,异常大值区位于贵州省中部至西部一带(图 1.13a),中心值位于纳雍、织金、黔西、清镇、修文及息烽站。时间序列在 20 世纪 80—90 年代处于负位相的年份有 13 a(图 1.13b),且振幅超过一个标准差的年份有 6 a,而在 21 世纪处于正位相的年份有 7 a,且振幅超过一个标准差的年份有 4 a。表明在 20 世纪 80—90 年代秋风过程次数的空间分布为全省秋风偏弱偏少型,而 21 世纪为全省秋风偏多偏强型(李忠燕,2013)。

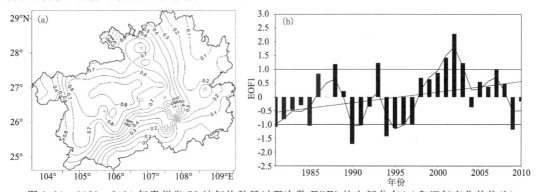

图 1.13　1981—2010 年贵州省 78 站年均秋风过程次数 EOF1 的空间分布(a)和逐年变化趋势(b)
(柱状:时间序列;实线:九点平滑值;直线:平均值±标准差;虚线:趋势线)

根据图 1.13b 中时间序列选出 3 年(1988 年、1993 年和 2002 年)对秋风过程的天气形势演变特点进行分析。首先,根据 3 次重秋风过程的起止日期,统计出在起止时间内逐日有秋风过程的站数(表 1.3)。这 3 次秋风过程的持续天数均在 8 d 以上,而且同一天处于秋风过程的站数≥22 站,均可以算作区域性秋风过程(许炳南 等,1997)。

表 1.3　贵州省 3 次重秋风过程起止日期及其逐日有秋风过程站数统计表(单位:站)

过程序号	秋风过程的第 N 天											起止时间
	1	2	3	4	5	6	7	8	9	10	11	
1		30	30	40	37	42	54	55	37			1988 年 8 月 22—29 日
2		32	45	45	42	37	43	42	22			1993 年 8 月 29 日—9 月 5 日
3	66	68	68	59	47	49	46	42	51	54	51	2002 年 8 月 10—20 日

1.4.3　秋绵雨气候态特征

在贵州省,每年 9 月 1 日至 11 月 30 日期间内,凡出现日降水量≥0.1 mm、持续时间达 5 d 或者以上的时段(其中从第 6 天起,允许有间隔 1 天无降水量),定义为秋绵雨过程(李玉柱 等,2001)。

图 1.14～图 1.16 给出了 1961—2014 年贵州省秋绵雨次数、天数以及过程累积降水量距平百分率的演变情况,可以看出,三个要素的演变特征相同,具有相同的年代际变化特征,即从 1961—1980 年贵州省秋绵雨次数(天数和过程累积降水量)以偏多为主;1981—1997 年,贵州省秋绵雨次数(天数和过程累积降水量)偏多偏少交替出现;1997 年以后,贵州省秋绵雨次数(天数和过程累积降水量)以偏少为主。从趋势来看,三个要素的演变均呈现逐年减少的趋势。从小波分析结果来看(图略),三个要素均存在着多重时间尺度的周期变化特征,即 1961—2014 年存在着 3～6 a 和 10～13 a 的主振荡周期(冯志江 等,2019)。

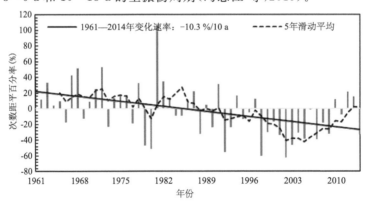

图 1.14　1961—2014 年贵州省秋绵雨次数距平百分率的演变情况

图 1.17 给出了 1981—2010 年贵州省秋绵雨次数的多年平均值空间分布。可以看出,全省年均秋绵雨次数最大值区域位于贵州省西部和中部高海拔地区一带,其中最大值出现在大方,年平均秋绵雨次数有 2.8 次,贵州省秋绵雨次数具有自西北向东部或向南部递减的分布规律。贵州省气象部门根据各种指标(李玉柱 等,2001)将全省分为 4 个秋绵雨区:轻微秋绵雨区(年平均秋绵雨过程次数小于 1.8 次);一般秋绵雨区(年平均秋绵雨过程次数介于 1.8～2.5 次);

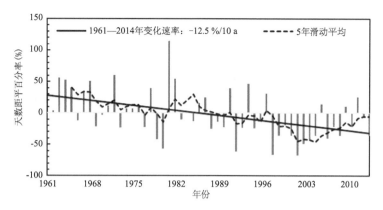

图 1.15　1961—2014 年贵州省秋绵雨天数距平百分率的演变情况

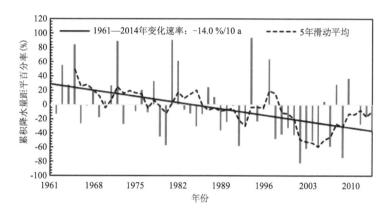

图 1.16　1961—2014 年贵州省秋绵雨累积降水量距平百分率的演变情况

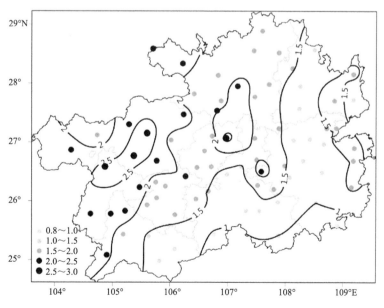

图 1.17　贵州省秋绵雨次数的多年平均值

（1981—2010 年）空间分布图（单位：次）

较重秋绵雨区(年平均秋绵雨过程次数介于 2.5～3.3 次);严重秋绵雨区(年平均秋绵雨过程次数超过 3.3 次)。按照这一标准,大方至水城一带属于较重秋绵雨区,省东部和南部地区属于轻微秋绵雨区,其余地区属于一般秋绵雨区(冯志江 等,2019)。

图 1.18 给出了 1981—2010 年贵州省秋绵雨过程天数的多年平均值空间分布,可以看出,全省年平均秋绵雨天数最大值区域位于贵州省西部和中部高海拔地区一带,其中最大值出现在大方,年平均秋绵雨天数有 28.6 d,贵州省秋绵雨天数具有自西北向东部或向南部递减的分布规律(冯志江 等,2019)。

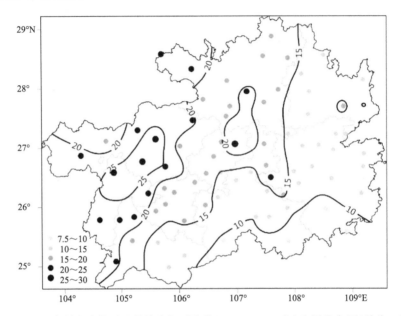

图 1.18　贵州省秋绵雨天数的多年平均值(1981—2010 年)空间分布图(单位: d)

为揭示贵州省近 30 年秋绵雨年均降水量的空间分布特征,统计出近 30 a(1981—2010 年)秋绵雨过程累积降水量,其分布如图 1.19 所示。从图中可以看出:贵州省内各地在 9—11 月秋绵雨过程累积降水量达 54 mm 以上,其中部分站点达到了 161 mm。秋季降水量存在三个较集中的大值区和两个低值带。全省秋季降水最大值区域位于贵州省西南的兴义、晴隆和省西的盘县、织金一带,秋绵雨过程累积降水量年平均多达 125 mm 以上;开阳、麻江一带为次大值区域;省东部万山、黎平一带为全省秋季降水量第 3 大值区域;省西北部的赫章一带、罗甸一带为秋绵雨过程累积降水量相对小值区域(冯志江 等,2019)。

1.4.4　秋绵雨分阶段气候特征分析

为探讨贵州省秋绵雨的分阶段气候特征,将分月对秋绵雨的特征进行分析。由于代表秋绵雨特征的三个要素具有相同的特征,这里只对秋绵雨天数这一要素进行分析。图 1.20～图 1.21、图 1.22～图 1.23 和图 1.24～图 1.25 给出了 9 月、10 月和 11 月秋绵雨天数的多年平均值空间分布和时间演变。可以看出,9 月和 10 月的秋绵雨天数具有自西向东部和自北向南部递减的分布规律,且最大值区域均位于贵州省西部一带,最小值区域均出现在南部边缘地区和东南部地区,而在 11 月秋绵雨天数具有自西向南部和中间天数多,南北天数少的分布规律,最大值区域位于西北和中部高海拔地区,最小值区域位于北部边缘和南部边缘地区;9 月、10 月

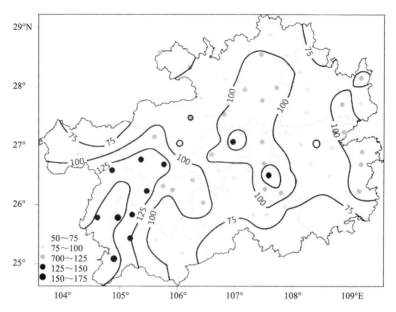

图 1.19　贵州省秋绵雨过程降水量的多年平均值(1981—2010 年)空间分布图(单位:mm)

和 11 月秋绵雨天数多年平均分别为 4.4 d、8.4 d 和 3.5 d,也就是说,秋绵雨天数最大值出现在 10 月,9 月次之,11 月最小。

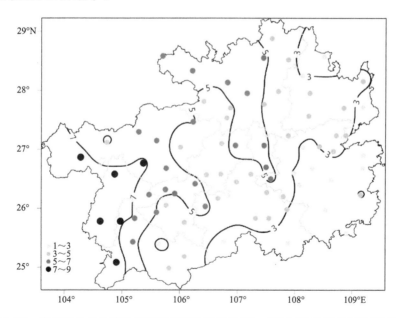

图 1.20　贵州省 9 月秋绵雨天数的多年平均值(1981—2010 年)空间分布图(单位:d)

从时间演变上来说,无论是 9 月、10 月还是 11 月,各月秋绵雨天数的次数距平百分率变化的倾向率均呈不同程度的减少趋势,但其具体的年代际变化特征又有所不同。9 月秋绵雨天数在 1969—1997 年明显偏多,而在 1998—2009 年明显偏少;10 月秋绵雨天数在 1961—1968 年明显偏多,而在 1969—1980 年和 1996—2008 年明显偏少;11 月秋绵雨天数在 1961—1983 年明显偏多,而在 1988—2011 年明显偏少。从小波分析结果来看(图略),9 月秋绵雨天

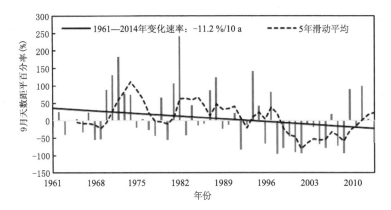

图 1.21　1961—2014 年贵州省 9 月秋绵雨天数距平百分率的演变情况

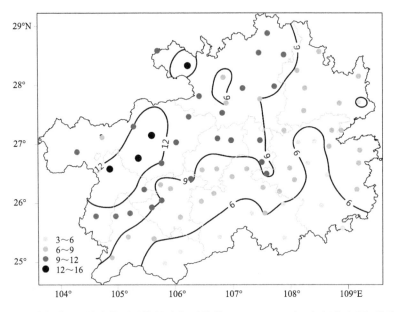

图 1.22　贵州省 10 月秋绵雨天数的多年平均值(1981—2010 年)空间分布图(单位:d)

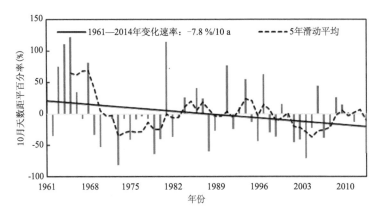

图 1.23　1961—2014 年贵州省 10 月秋绵雨天数距平百分率的演变情况

数在 1961—2014 年存在着 3 类时间尺度周期(3 a、5~6 a 和 11~13 a),10 月同样存在着 3 类时间尺度周期(3~5 a、8~9 a 和 13~15 a),而 11 月存在着 2 类时间尺度周期(3~5 a 和 7~9 a)(冯志江 等,2019)。

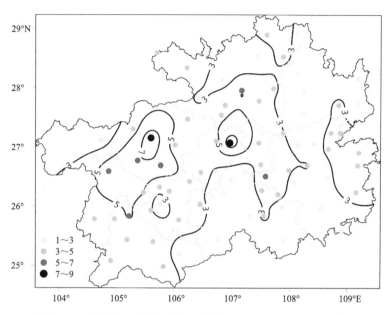

图 1.24　贵州省 11 月秋绵雨天数的多年平均值(1981—2010 年)空间分布图(单位:d)

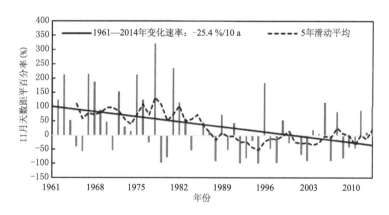

图 1.25　1961—2014 年贵州省 11 月秋绵雨天数距平百分率的演变情况

1.5　冬季冻雨

贵州省地处山区,地形复杂,冬季北方冷空气与南方暖湿空气交汇,常形成静止锋,在贵州省境内频繁摆动,导致冬季冰冻多发、灾害频生、道路结冰、电线覆冰、作物家畜冻死冻伤(张娇艳 等,2015)。仅 2008 年初的持续低温雨雪冰冻灾害就造成贵州省 198.25 亿元的直接经济损失(严小冬 等,2009)。我国大部分地区的冰冻天气主要来源于雨凇或者雾凇(赵珊珊 等,2010),而我国南方地区大都受到雨凇的影响,北方地区大都受雾凇影响(王遵娅,2011)。在

《地面气象观测规范》中(中国气象局,2003),雨凇被定义为过冷却液态降水碰到地面物体后直接冻结而成的坚硬冰层,呈透明或毛玻璃状,外表光滑或略有隆突。基于观测现象挑选出恰当的气象条件,继而建立综合雨凇灾害的指标,实现利用观测现象的指导来挖掘相应的理论要素,为进一步的理论研究奠定基础(张娇艳 等,2015)。

1.5.1　站点的分类

贵州省雨凇的分布形态与地形密切相关,其中以海拔高度和相对高度的影响最为突出。据统计(严小东 等,2009),雨凇出现的平均日数随着海拔的增高而增多。由于贵州省的地形西高东低,因此贵州省西部的雨凇发生频次居全省之首。例如威宁、大方一带冬季持续受雨凇影响。除此以外,相对高度的影响也不可忽略。位于贵州省东部的万山站也是雨凇发生日数的大值中心,虽然其海拔高度仅为883.4 m,但是万山站处于相对高点,比周围测点高出400～600 m。由此看来,海拔高度和相对高度对雨凇的发生日数有着很大的影响。考虑到二者对雨凇发生日数的影响,本小节在建立雨凇灾害指标时试图将海拔高度和相对高度纳入考虑范畴,把贵州省按海拔高度分为四个梯队,(+∞,2100 m],(2100 m,1400 m],(1400 m,700 m],(700 m,−∞),分别定义为Ⅰ,Ⅱ,Ⅲ,Ⅳ区,分类后万山站因为处在相对高点,在第Ⅳ区中自然分离出来,定义为 R(Relative)区,如图 1.26 所示。其中,Ⅰ区中只有海拔高达 2236.2 m 的威宁一站。海拔高度梯队的分级主要是以各级平均分布,等级等量划分为原则来确定的。必须说明的是,根据贵州省 84 个观测站海拔高度排名,位于前 5 位的站点和相应的海拔高度为:威宁(2236.2 m),水城(1813.6 m),大方(1704 m),普安(1648.5 m)和晴隆(1553.6 m),Ⅰ区只有威宁一站是因为该站海拔高度远高于其余站点,即使调整等级分布,威宁站也因为较高的海拔高度而独立为一组。为建立出恰当的雨凇指标,将以海拔高度分类后和未分类的挑选条件做对比,以探明究竟是否需要以海拔高度和相对高度为分类依据来建立指标(张娇艳 等,2015)。

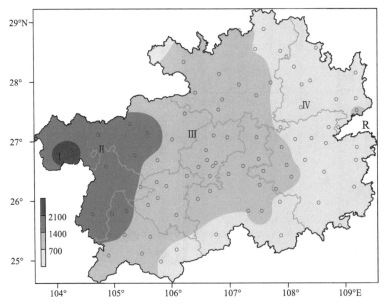

图 1.26　贵州省 84 个观测站及其海拔高度分布图(单位:m)

1.5.2　雨凇发生的气象条件

考虑到雨凇发生的可能气象条件,本小节选取了四个因子作为组合,即临界条件——日最低气温;背景场条件——日平均气温;外强迫条件——日照时数和物质基础——降水量。该组合对雨凇发生的气象条件的刻画准确程度将会在评估结果中体现。为建立雨凇灾害指标,本小节在雨凇发生日对日最低气温、日平均气温、日照时数以及降水量进行概率分布计算,以确定雨凇灾害发生的各气象条件阈值,继而建立雨凇灾害综合指标。

首先对未进行海拔高度和相对高度分类的全省 84 站 1951—2011 年的雨凇样本进行气象要素概率分布计算。需要说明的是,考虑到样本量越大,概率计算的结果可信度越大,因此雨凇样本选取 1951—2011 年的发生雨凇的所有样本为基础(张娇艳 等,2015)。

雨凇的发生依赖于过冷却水进入气温在 0 ℃ 以下的气层,后与低温物体的接触(李登文等,2011),因此日最低气温为雨凇的发生提供了临界条件,是建立雨凇灾害指标中一个重要的约束条件。在全省 84 站 1951—2011 年所有雨凇发生的样本中,除去日最低气温缺测的记录,共有 31872 个有效样本(以下有效样本的计算方法相同,不再赘述)。当雨凇发生时,日最低气温的气候概率分布如图 1.27 所示,当日最低气温≤0 ℃时,雨凇发生的概率达 97.1%。另外从图 1.27 还可以看出,雨凇发生时日最低气温集中出现在 −4～0 ℃。若是将贵州省按海拔高度和相对高度划为五个区域(图 1.26)来观察雨凇日最低气温分布概率(表 1.4),不难看出,五个区域的分布状况与总的分布概率基本一致,均以日最低气温≤0 ℃为发生雨凇的阈值。因此将日最低气温≤0 ℃作为全省雨凇发生的气象条件之一。

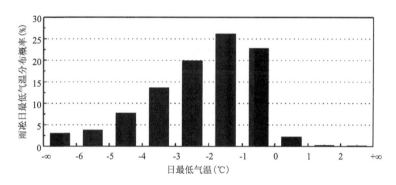

图 1.27　全省雨凇日最低气温分布概率

表 1.4　Ⅰ,Ⅱ,Ⅲ,Ⅳ和 R 区的雨凇日最低气温分布概率(单位:%)

区域	样本数	(−∞,−6]	(−6,−5]	(−5,−4]	(−4,−3]	(−3,−2]	(−2,−1]	(−1,0]	(0,1]	(1,2]	(2,+∞]
Ⅰ	2880	12.5	9.3	12.3	14.8	17.8	19.5	12.4	1.2	0.1	0.1
Ⅱ	6983	1.8	3.4	7.5	14.1	20.7	28.7	22.1	1.4	0.2	0.1
Ⅲ	17422	2.1	3.3	7.6	13.9	20.4	26.7	23.5	2.0	0.4	0.2
Ⅳ	3500	1.9	1.9	4.5	9.9	17.6	25.6	31.5	6.1	0.4	0.6
R	1087	6.9	7.2	9.9	15.0	20.1	22.5	16.2	1.6	0.5	0.1

必须指出的是,尽管日最低气温在 1 ℃ 以上的样本中也有一定比重的雨凇发生,但是为了避免阈值的上调导致所建指标对于雨凇发生的空报数增多,应以高频发生的区间作为临界点。

极低的温度也被划入发生条件,主要是因为在处于低纬高原上的贵州省,极低的温度鲜有发生,对于指标的建立效果影响不大。这一情况的说明同样适用于其余气象条件阈值的确定(张娇艳 等,2015)。

日平均气温是雨凇发生的背景场的体现方式之一,也是雨凇维持的客观条件。合适的日平均气温是雨凇发生的基础条件和天然温床。图1.28为雨凇发生时日平均气温分布概率,全省有效样本数为31870。不难看出,日平均气温为$-3\sim1$ ℃时,雨凇发生频率高。若以$\leqslant1$ ℃作为发生雨凇的日平均气温阈值,发生概率达87.1%。而从表1.5所示的Ⅰ,Ⅱ,Ⅲ,Ⅳ和R区的雨凇日平均气温分布概率来看,Ⅰ区的站点在整个日平均气温的温度区间所发生的雨凇概率较为均匀,说明该区的雨凇发生基本不受日平均气温的约束,其余区域都与全省阈值一致。因此在Ⅱ,Ⅲ,Ⅳ和R区应以$\leqslant1$ ℃作为发生雨凇的日平均气温阈值,Ⅰ区不受该条件限制(张娇艳 等,2015)。

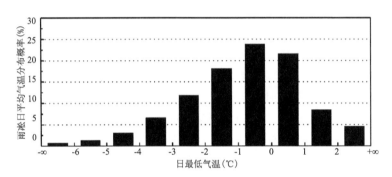

图1.28　全省雨凇日平均气温分布概率

表1.5　Ⅰ,Ⅱ,Ⅲ,Ⅳ和R区的雨凇日平均气温分布概率(单位:%)

区域	样本数	$(-\infty,-6]$	$(-6,-5]$	$(-5,-4]$	$(-4,-3]$	$(-3,-2]$	$(-2,-1]$	$(-1,0]$	$(0,1]$	$(1,2]$	$(2,+\infty]$
Ⅰ	2880	3.6	3.5	5.5	8.8	11.3	12.7	14.0	13.7	10.5	16.5
Ⅱ	6983	0.3	0.7	3.1	6.7	13	19.5	25.6	20.5	7.2	3.3
Ⅲ	17421	0.4	1.1	2.6	6.6	11.9	18.7	24.7	22.5	8.2	3.3
Ⅳ	3499	0.4	0.7	1.6	4.2	8.9	16.3	24.9	27.8	11.1	4
R	1087	1.9	3.8	6.3	8.6	15.1	18.8	21.5	15.7	5.0	3.3

全省雨凇日日照时数分布概率图(图1.29)所示,日照时数为0时,雨凇发生概率高达89.5%,其中有效样本数为31602。Ⅱ,Ⅲ,Ⅳ和R区的概率分布状况与不进行区域划分的全省情况基本一致,而Ⅰ区在日照比较丰沛时,仍有雨凇发生。因此,在Ⅱ,Ⅲ,Ⅳ和R区,阴天(无日照)是雨凇发生的又一重要条件,因为太阳辐射的出现会导致雨凇所结冰层迅速融化,无法维持(彭贵芬 等,2012)。但是在海拔较高的Ⅰ区,可能因为持续的低温条件充足,太阳辐射对雨凇的出现影响不大,日照时数不能成为Ⅰ区雨凇发生的约束条件(表1.6)。因此,根据海拔高度的划分来确定雨凇指标的约束条件,对于地形分布复杂、起伏大的地区是很有必要的(张娇艳 等,2015)。

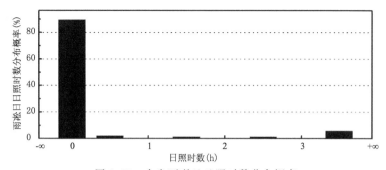

图 1.29　全省雨凇日日照时数分布概率

表 1.6　Ⅰ,Ⅱ,Ⅲ,Ⅳ和 R 区的雨凇日日照时数分布概率(单位:%)

区域	样本数	0	(0,1]	(1,2]	(2,3]	(3,+∞]
Ⅰ	2858	62.3	3.7	3.4	3.8	26.8
Ⅱ	6957	90.7	1.8	1.2	1.0	5.4
Ⅲ	17217	93.5	1.9	1.1	0.9	2.7
Ⅳ	3483	91.4	1.8	1.7	1.1	4.0
R	1087	83.4	3.5	2.3	2.1	8.6

降水量是雨凇天气出现的物质基础,如图 1.30 所示,82.2%和13.2%的雨凇天气出现在日降水量分别为有量降水和微量降水的情况下,全省有效样本数为 31877。这样的分布状况与分类后的概率分布基本一致,如表 1.7 所示。因此有降水(包含微量降水)成为雨凇灾害的另一个约束条件。

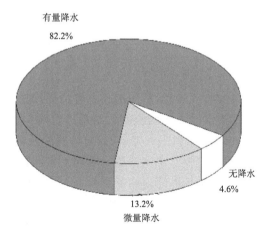

图 1.30　全省雨凇日降水量分布概率

表 1.7　Ⅰ,Ⅱ,Ⅲ,Ⅳ和 R 区的雨凇日日降水量分布概率(单位:%)

区域	样本数	无降水	微量降水	有量降水
Ⅰ	2880	3.5	20.1	76.4
Ⅱ	6983	1.6	9.0	89.4
Ⅲ	17427	5.0	14.2	80.8
Ⅳ	3500	6.7	12.7	80.6
R	1087	14.7	7.7	77.6

1.5.3　雨凇灾害指标的建立

通过对雨凇发生的气象条件的普查分析,可以建立雨凇灾害指标,即同时满足以下条件,则当日定为雨凇日:①日最低气温≤0 ℃;②日平均气温≤1 ℃(其中Ⅰ区不受该条件约束);③当日无日照(其中Ⅰ区不受该条件约束);④当日有降水,包含微量降水(张娇艳 等,2015)。

1.5.4　雨凇灾害指标的评估

为了对雨凇灾害指标的可用性进行评估,选取冰冻事件发生较为严重的1983年、2007年和2010年冬季(严小冬 等,2009;白慧 等,2011b)的雨凇日和非雨凇日来进行指标计算。选择这三年,一方面是因为其雨凇样本充足,另一方面是考虑到20世纪80年代以后贵州省各站资料缺测少,能较为客观地评估雨凇指标。经计算,表1.8为贵州省1983年、2007年和2010年冬季雨凇灾害指标评估结果。本小节所建立的雨凇灾害指标在1983年、2007年和2010年的漏报站次(漏报率)分别为179站(2.3%)、142站(1.9%)和197站(2.6%),空报站次(空报率)分别为524站(6.9%)、301站(3.9%)和262站(3.5%),准确率分别为88.0%、90.6%和84.2%。总体来讲,由指标所计算的雨凇站次与实际雨凇站次相比,略偏大(张娇艳 等,2015)。

表 1.8　贵州省 1983 年、2007 年和 2010 年冬季雨凇灾害指标评估结果

年份	总站次	实际雨凇站次	指标雨凇站次	漏报站次	漏报率(%)	空报站次	空报率(%)	准确率(%)
1983	7642	1491	1836	179	2.3	524	6.9	88.0
2007	7636	1513	1672	142	1.9	301	3.9	90.6
2010	7559	1246	1311	197	2.6	262	3.5	84.2

注:总站次为当年冬季参与计算的所使用的资料均不缺测的站次之和,漏报率=漏报站次/总站次,空报率=空报站次/总站次,准确率=(指标雨凇站次−空报站次)/实际雨凇站次)。

为进一步评估雨凇灾害指标的可用性,利用雨凇灾害指标计算得到1961—2011年贵州省冬季84站雨凇日数,将其与基于实况雨凇观测值的结果进行对比。其中万山,黄平和白云分别于1977年,1974年和1982年建站,利用点与点、点与场的关系进行缺测资料的定量拟合恢复,该方法在严小冬等(2009)的工作中已得到使用。利用定量恢复后的1961—2011年贵州省冬季84站基于雨凇灾害指标的雨凇日数的原始场进行EOF展开,前5个EOF分解后的载荷向量LV的解释方差和累积方差如表1.9所示。前5个特征向量场的累积贡献率达98.3%,第一特征向量场占总方差的91.8%,说明第一模态能较好地反映基于指标的雨凇灾害日数的气候特征,此处仅对其进行分析。图1.31表示1961—2011年贵州省冬季84站基于指标的雨凇日数EOF第一模态的空间分布,全省整体呈现西多东少,中部多南北少的形态,雨凇灾害集中发生在26.5°~27.5°N纬度带。威宁、大方、开阳和万山为四个雨凇灾害日数大值中心,尤以威宁站位居全省之首。而望谟、罗甸和赤水无雨凇灾害发生。全省多年平均的雨凇日数结果与EOF第一模态基本一致(图略)。

图1.32为1961—2011年贵州省冬季84站基于雨凇灾害指标的雨凇日数EOF第一模态所对应的时间系数,基本与过去的相关工作一致(严小冬 等,2009;许丹 等,2003)。结果表明近51年雨凇日数年际振荡明显,极值均与凝冻异常年份有很好的对应。例如1983年、2007

年和 2010 年均是凝冻严重的年份。20 世纪 60 年代、70 年代以及 80 年代前期波动较大,且极大值总体维持在较强的幅度。从 20 世纪 80 年代后期开始逐渐下降,一直持续到 21 世纪 10 年代前期。而 21 世纪 10 年代后期逐渐开始上升,可能还将持续。

因此,根据雨凇灾害指标所得的贵州省冬季雨凇灾害的气候特征与实况观测基本一致,将该指标用于反演出因缺测而无法获取是否为雨凇日的历史资料,是完善雨凇资料库的一种可行性方法(张娇艳 等,2015)。

表 1.9　1961—2011 年贵州省冬季 84 站基于雨凇灾害指标的雨凇日数前
5 个 EOF 分解后的载荷向量 LV 的解释方差和累积方差(单位:%)

	LV1	LV2	LV3	LV4	LV5
个别方差	91.837	4.524	1.057	0.567	0.291
累积方差	91.837	96.36	97.417	97.985	98.275

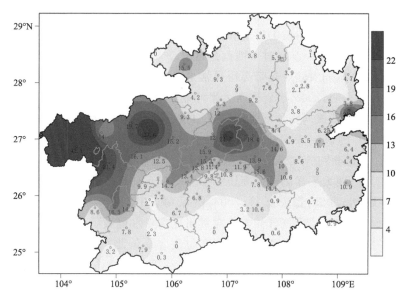

图 1.31　1961—2011 年贵州省冬季 84 站基于
雨凇灾害指标的雨凇日数 EOF 第一模态的空间分布图

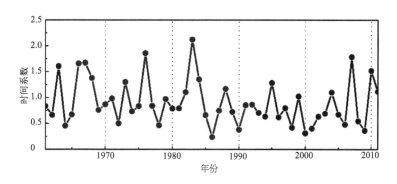

图 1.32　图 1.31 对应的第一模态的时间系数

第 2 章

贵州省夏季旱涝的预测信号和概念模型

贵州省位于我国西南地区、低纬云贵高原地区东南侧,是中国喀斯特地貌发育得最成熟的省份,也是全国土地石漠化最严重的省份(苏维词 等,2006),由于特殊的喀斯特地貌特征,地表保蓄水能力差,加上降水时空分布不均,持续性的降水偏少使得干旱成为贵州省夏季的主要灾害之一。同时,持续性暴雨引发的洪涝和由突发性局地暴雨引发的泥石流等山地灾害常有发生,导致贵州省旱涝灾害严重。对于西南地区夏季旱涝已有大量研究,彭京备等(2007)指出,西太平洋副热带高压和大陆副热带高压异常是造成 2006 年西南地区严重干旱的原因。李永华等(2009)的研究表明,2006 年夏季西太平洋副热带高压偏北、西伸脊点偏西以及南亚高压强度偏强、位置偏东,造成西南地区下沉气流加强,抑制孟加拉湾水汽的输送,导致西南地区出现严重干旱。已有的研究表明(李崇银,1992;张琼 等,2003;卫捷 等,2004;黄荣辉 等,2005;陈文 等,2006;彭莉莉 等,2015),海温异常强迫往往也与干旱的发生有关,也与大气环流的内部异常,特别是西太平洋副热带高压和中纬度阻塞高压的强度和位置的异常有关(王嘉媛 等,2015;黄荣辉 等,2003;张庆云 等,2003;杨辉 等,2012;黄荣辉,2012;张天宇 等,2014)。近年来,贵州的气象工作者从天气气候方面对贵州夏季降水也做了相关研究:徐亚敏(1999)认为冬、夏季风同位相增加阶段夏季西太平洋副高位置容易偏北,贵州省降水偏少,同位相减弱阶段夏季西太平洋副高易偏南,贵州省降水偏多;王芬等(2014)认为,影响贵州省夏季降水的海温关键区,从上年夏季至同期春季逐步由北太平洋的加利福尼亚冷流区过渡到黑潮区,北太平洋海温异常升高可引起向中纬度西太平洋传播的波列,通过加强西风,造成西太平洋副高西伸、偏强,有利于贵州降水异常偏多;许炳南(2001,2002)对贵州夏季旱涝短期气候预测进行了初步探索,分析研究了贵州省夏季严重旱涝的异常环流特征,指出严重旱涝的形成受 500 hPa 环流系统制约,另外还利用东亚大槽和北美东岸大槽异常配置建立了夏季旱涝预测信号等 5 个预测因子,并依据这些预测建立了贵州省旱涝短期气候预测模型(王芬 等,2017)。在已有研究基础上,本章节重点从气候角度,系统地对贵州省夏季旱涝的时空分布特征、大气环流和海温异常对贵州省夏季旱涝异常的影响进行分析,并对 2009—2010 年发生的夏秋连旱、叠加冬春连旱的特大干旱背景下,2011 年夏旱持续发展的夏秋连旱进行分析。同时,重点分析越赤道气流对西南雨季开始期的影响以及西太平洋副热带高压与贵州夏季降水的凝聚共振关系。希望能通过掌握气候变暖背景下贵州省气象干旱的变化规律,为预测贵州省夏季旱涝分布提供有利重要依据,并对实施有效的干旱气候风险分析、评估和管理来降低灾害事件的风险和应对气候变化起到一定的指导作用。

2.1　夏季旱涝的时空特征

2.1.1　夏半年降水量的气候特征

如图 2.1a 所示,1981—2010 年夏半年(4—9 月)降水量从总体上看,20 世纪 90 年代属于多雨时期,降水量偏多 637.0 mm,累积降水量距平百分率为 70%;80 年代和进入 21 世纪初至今属于少雨时期,降水量分别偏少 321.3 mm 和 315.7 mm,累积降水量距平百分率分别为 −35% 和 −35%,表明降水量具有明显的年代际变化特征。分阶段来看(图 2.1b),在 1981—1990 年波动变化,夏半年降水量呈先升后降的趋势;1991—2000 年总体上距平值为正,呈明显的上升趋势;2001—2010 年总体上距平值为负,呈明显的下降趋势。

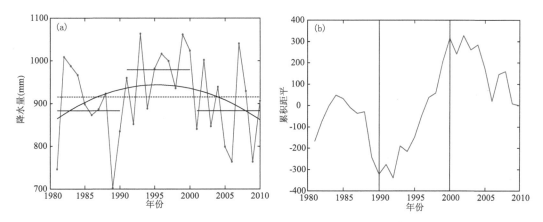

图 2.1　1981—2010 年贵州夏半年降水量时间序列(虚线:气候平均值;
实直线:年代平均值;实曲线:2 次多项式拟合曲线)(a)和累计距平(b)

2.1.2　夏半年降水量的 EOF 主模态

为了揭示夏半年降水变率的主要空间分布特征,用 EOF 分析方法对 1981—2010 年贵州省夏半年降水标准化距平做分解,得到 EOF1 的方差贡献百分率为 36%,且通过 North 准则检验(North et al,1982)(图 2.2a),此模态显示出全省夏半年降水异常一致性的主要特征,同时也存在区域分布差异,年际变率中心位置位于贵州省中东部,并从中东部向北、向东、东南、向西部递减,变率梯度最大的区域位于沿 106°E 的南北一线(图 2.2b)。对应第一模态空间分布的时间系数与逐年夏半年降水量的相关系数为 0.98,过 0.01 信度检验,表明 EOF1 能较好地反映贵州省近 30 a 夏半年异常降水的时空分布状况。旱涝年选取标准是根据 PC1 降水异常达到一个标准差,旱年有 1981 年、1989 年、2005 年、2006 年和 2009 年;涝年有 1993 年、1996 年、1999 年、2000 年和 2007 年(图 2.2c)。降水量最少年份是 1989 年,负异常是标准方差的 1.9 倍;降水量最多年份是 1999 年,正异常是标准方差的 1.7 倍,表现贵州省夏半年降水量年际变率较大,具有易发生旱或涝的气候背景。

通过将 PC1 分别与夏半年 4—9 月逐月降水标准化距平求回归,考察第一模态空间型表现最突出的月份。结果表明,贵州省夏半年降水异常的第一模态在这 6 个月均有表现,

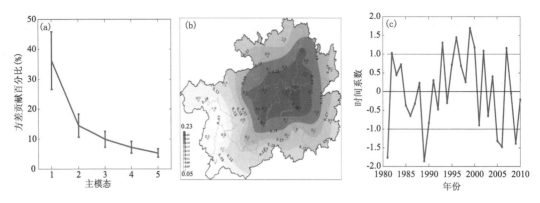

图 2.2 1981—2010 年贵州夏半年 4—9 月降水量(a)EOF 方差分布,(b)第一模态空间分布,
(c)时间系数(实线:气候平均降水量;虚线:一个标准差)

且均通过 0.05 信度检验,其中最显著的降水异常出现在 7 月份、其次是在 8 月份(图略)。降水偏少年份 4—9 月合成的降水量距平百分率分布空间分布表现为全省一致性偏少 1~3 成(图略),负距平中心范围主要位于贵州省中东部地区,与图 2.2b 一致。表明我省夏半年降水异常主要出现在 7 月和 8 月,整体上看夏半年降水异常的气候敏感区主要分布在贵州省中东部。

2.1.3 夏半年降水典型偏少年份的干旱特征

选用《气象干旱等级》国家标准(张强 等,2006)降水量距平百分率(P_a)来表征夏半年各月的降水量较常年值偏少的程度,因为该指标能直观反映降水异常引起的干旱,并且适用于夏半年时段(各月平均气温均在 10 ℃以上)。

对贵州省夏半年降水极端偏少年份各月的干旱情况进行统计(表 2.1)。历史上贵州的旱灾主要发生于夏秋之际,其中中旱 82% 发生 7—9 月,重旱和特旱 100% 都发生于 7—9 月,6 月份基本无旱情发生,4—5 月的晚春旱发生频率仅为 14%;中旱在 7 月出现频率最高、其次 8 月、再次 9 月;重旱在 8 月出现频率最高,其次 9 月,再次 7 月;特旱主要出现在 8 月和 9 月。表明贵州省夏半年降水量偏少导致的气象干旱主要表现为伏旱及夏秋连旱(吴战平 等,2011)。

表 2.1 统计 1981—2010 年贵州省夏半年降水极端偏少年各等级干旱站次

年份	4 月			5 月			6 月			7 月			8 月			9 月		
	中旱	重旱	特旱	中旱	重旱	特旱	中旱	重旱	特旱	中旱	重旱	特旱	中旱	重旱	特旱	中旱	重旱	特旱
1981	0	0	0	0	0	0	2	0	0	5	2	0	9	4	1	0	0	0
1989	3	0	0	3	0	0	0	0	0	12	1	0	4	0	0	0	0	0
2005	3	0	0	0	0	0	0	0	0	4	0	0	0	1	0	6	5	1
2006	4	0	0	0	0	0	0	0	0	6	1	0	5	1	0	3	0	0
2009	0	0	0	0	0	0	0	0	0	3	0	0	7	4	0	11	3	0

2.2　夏季旱涝的大气环流形势

2.2.1　大气环流对夏季旱涝异常的影响

　　大气环流异常往往是影响降水异常的直接因素。首先分析贵州省夏季降水异常和大气环流异常之间的统计关系。根据1971—2012年贵州省夏季降水量距平百分率序列(图1.9),统计出贵州省夏季降水偏多(+δ)和偏少(−δ)的年份。其结果有6个降水偏多的夏季和7个降水偏少的夏季。分别合成分析贵州省降水异常偏多和异常偏少的环流特征。图2.3给出了贵州省降水偏多年和偏少年的500 hPa高度距平场合成图。从图2.3a可以看出,当贵州省夏季降水偏多时,欧洲西部至乌拉尔山附近为负距平区,巴尔喀什湖至贝加尔湖为正距平区,而鄂霍次克海为负距平区,并且这些地区都达到显著性水平5%的检验标准。相比较于图2.3b,巴尔喀什湖至贝加尔湖附近为正距平,表示该地区高压脊增强,由于高压脊增强,脊前的西北气流引导冷空气向南深入到西南地区,同时,西太平洋副热带高压强度偏大,引导洋面上的暖湿气流与北方冷空气汇合,从而有利于降水的增加。反之,当贵州省夏季降水偏少时(图2.3b),欧洲西部至乌拉尔山附近为显著正距平区,巴尔喀什湖至贝加尔湖为负距平区,而鄂霍次克海为正距平区,副高面积偏小,西伸脊点偏东,不利于降水的增加。

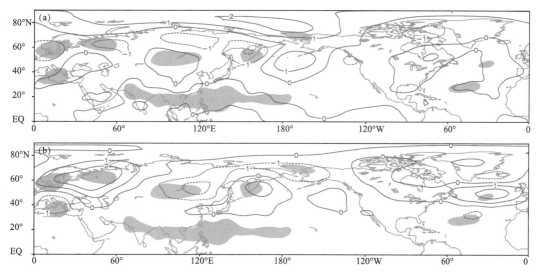

图 2.3　贵州省夏季多雨年(a)和少雨年(b)合成的 500 hPa 距平场分布图
(红线,等值线间隔为 1 dagpm;蓝色阴影处为多雨年和少雨年之差达到显著性水平 5%的地区)

　　图2.4分别给出了贵州省夏季降水偏多和偏少的850 hPa风场距平场。从降水偏多和偏少合成风场对比分析不难看出,在贵州省夏季降水偏多时,贝加尔湖地区为异常反气旋环流,其脊前的西北气流引导冷空气向南深入到西南地区,同时,西太平洋副热带地区同样也为异常反气旋环流,其副高外围的东南风不断引导洋面上的暖湿气流至西南地区。同时,孟加拉湾为偏南风距平,表明印缅槽加强,引导印度洋上的暖湿气流北上,从而形成冷暖交汇,有利于降水的增加。

由此可见,贝加尔湖高压脊、印缅槽、副热带高压以及欧洲西部长波槽与贵州省夏季降水的变化有密切的联系(李忠燕 等,2016)。

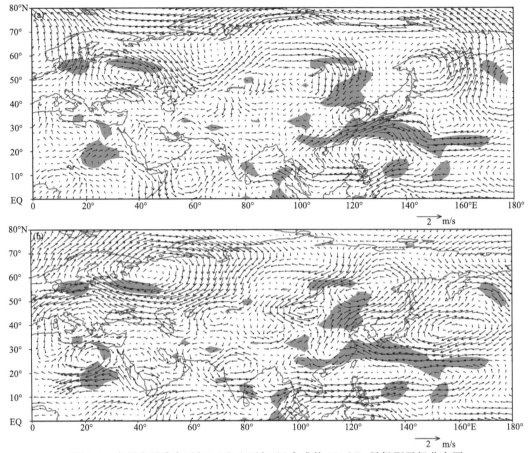

图 2.4 贵州省夏季多雨年(a)和少雨年(b)合成的 850 hPa 风场距平场分布图
(阴影处为多雨年和少雨年之差达到显著性水平 5% 的地区)

2.2.2 水汽输送对夏季旱涝异常的影响

贵州省在汛期的降水主要受西南季风和东亚季风的交替影响,大部分地区的降水属于季风降水。孟加拉湾作为与中国西南地区最为接近的热带海洋地区,是我国西南地区乃至整个中国中东部水汽的主要来源地之一,其西南气流对于中国西南乃至华南等地降水和气候有着重要作用。如图 2.5a、c 所示,沿贵州经向范围(25°~30°N)水汽通量的高度—经度剖面图可以看到,影响贵州的水汽通量大值区主要位于 700 hPa 以下(≥5 kg/(m/s)),分别来源于贵州西部和东部两支水汽通道,不同在于 7 月的水汽通量较 8 月更强,尤其是东部支水汽通道。为了更清晰地看到影响贵州水汽输送的源地,如图 2.5b、d 所示,沿 925~700 hPa 垂直积分的水汽通量空间分布可以看到,7 月和 8 月中国东半部已经在东亚夏季风的控制之下,主要盛行偏南风。7 月(图 2.5b)西太平洋副热带高压(下称西太副高)脊线主要维持在 25°N 附近,脊点位于 120°E 以东洋面,中国以偏南风水汽输送为主,水汽主要来自于热带地区,有三支主要的水汽输送通道:(1)南海夏季风暴发后产生的偏南风水汽输送;(2)来自孟加拉湾经中南半岛的西南风水汽输送;(3)来自西太副高南侧边缘的东南风水汽输送。三支气流在中国南方汇合成一支强大的西南风水汽输送。西南风水汽输送沿着西太副高北侧一直输送到东北亚的日本和朝鲜半岛,在那里形成一条明显的水汽输送轴。此外,来自中高纬度的西北气流把西伯利亚的寒冷空气从西北方向输送到东亚地区。8 月(图 2.5d)西太副高北跳,脊线稳定在 30°～35°N,西南风水汽输送也随之向北移动,中国南方部分地区则由西南风水汽输送转为东南风水汽输送,日本至朝鲜半岛一带的水汽输送轴同时也被迫向北推进。与 7 月相比,8 月的水汽输送通道基本相同,主要来自于南海和孟加拉湾地区,西太副高南侧边缘的东南风水汽输送对中国的影响已经减弱。中高纬度西风带槽脊较 7 月更加平直,西北气流随之减弱。通过上述分析,可以看到影响贵州省水汽输送的源地主要为孟加拉湾、南海和西太平洋的赤道海洋,尤其是从孟加拉湾经中南半岛进入的西南风水汽输送和南半球经南海的越赤道气流水汽输送,给贵州省 7 月和 8 月的降水提供了丰富的水汽和热量条件,不同在于 7 月受孟加拉湾和西太平洋两支水汽通道的影响更为强劲,尤其是孟加拉湾水汽通道。

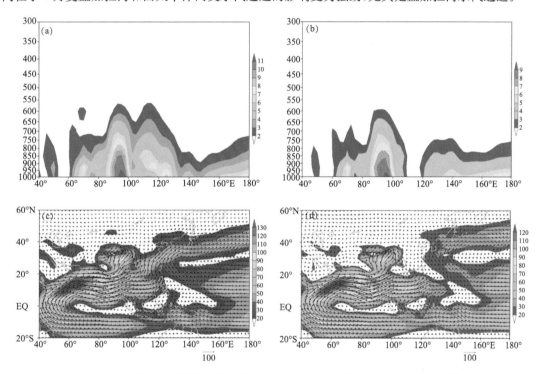

图 2.5　1981—2014 年月气候平均的水汽通量(单位:kg/(m/s))沿 25°～30°N 经向平均的高度-经度剖面图(a)和沿 925～700 hPa 垂直积分的空间分布(单位:kg/(m/s))(b),1981—2014 年 8 月气候平均的水汽通量(单位:kg/(m/s))沿 25°～30°N 经向平均的高度-经度剖面图(c)和沿 1000～700 hPa 垂直积分的空间分布(单位:kg/(m/s))(d)

采用由 NOAA Draxler 等开发的供质点轨迹、扩散及沉降分析用的综合模式系统 HYS-PLIT-4,模拟了贵州省旱、涝年 7 月和 8 月最大水汽输入层 850 hPa 层的水汽输送轨迹,选取贵州省西部地区内分布均匀的 3 个代表站,它们的经纬度坐标分别为 107°E、27°N(贵阳);105°E、25°N(兴义)和 105°E、27°N(毕节)。基于 Language 方法的思想,用轨迹模式分 10 步向前倒推出 120 h 的质点轨迹方向。从贵州省典型旱涝年样本中,选取旱、涝代表年 2011 年和 2014 年,对比分析二者的水汽来源路径的异同。如图 2.6a 和图 2.6b 所示,7 月旱、涝年的水汽输送路径都是从孟加拉湾、甚至阿拉伯海经过 5 d 的天气时间尺度输送到贵州西部,并且从图下方质点垂直运动轨迹可以看出,旱、涝年的气流都主要为上升气流,差异在于在典型偏涝年水汽的输送轨迹的连续性更好。如图 2.6c 和图 2.6d 所示,8 月旱、涝年的水汽输送路径差异显著,旱年空气质点从偏北和西北方向输入,且以下沉气流为主,来自南方的暖湿空气无法到达贵州省,使得冷暖空气也就无法在贵州地区交汇。该地区主要受单一的干冷偏北气流控制,这样使得该地区降水减少;涝年空气质点从中国南海经过 5 d 的天气时间尺度输送到贵州西部,且气流主要为上升气流,利于降水发生(周涛 等,2017)。

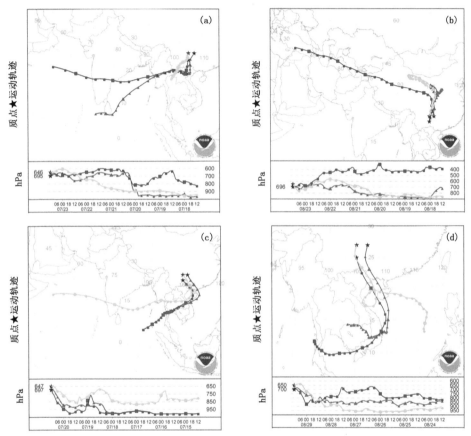

图 2.6　贵州典型偏旱(2011 年)、偏涝(2014 年)年 7 月(a. 旱年,b. 涝年)和
8 月(c. 旱年,d. 涝年)的水汽输送轨迹比较

2.2.3　水汽输送与相应的大尺度环流型

水汽输送和大尺度环流形势密切相关,研究表明,降水异常的发生与大气环流持续密切相关,影响贵州省降水异常的主要环流系统有南亚高压、印度西南季风、西太平洋副热带高压、中高纬度对流层上层西风急流。这些系统位置和强度的异常是造成贵州省降水异常的主要原因(许炳南 等,1997;钱永甫 等,2002;马振锋,2003;伍红雨 等,2006)。由贵州省夏半年降水偏少造成的干旱气候异常变化,必然是由异常的大气环流异常导致,为讨论典型的降水异常主模态对应的水汽输送异常和环流形势,将 EOF 第一模态的主分量序列 PC 与干旱盛期 7—8 月低层水汽输送、500 hPa 位势高度场和 200 hPa 纬向风场的标准化距平求相关,相关系数的分布可揭示相应的水汽输送异常和环流异常。

如图 2.7a 所示,EOF1 降水偏少时,对应的低层水汽输送形势在东亚地区上空沿 120°E 从低纬到高纬出现异常气旋环流—异常反气旋环流—异常气旋环流形势分布,其中西北太平洋低纬地区气旋异常环流,它在前期冬季形成后一直可维持到夏季,使夏季副热带高压偏北(宗海锋 等,2008),同时,注意到贵州省上空出现一个异常反气旋环流。这种环流配置下副高

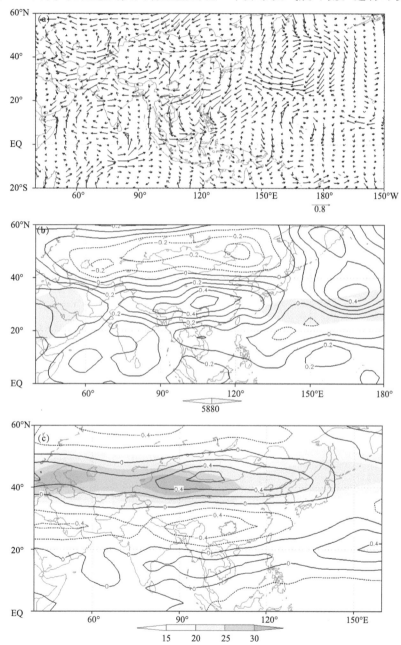

图 2.7　EOF1 降水偏少时相应的要素场

(a)850 hPa 水汽输送异常与 PC1 的负相关系数(等值线:相关系数;阴影:通过 0.05 信度检验的区域);
(b)500 hPa 位势高度异常与 PC1 的负相关系数(等值线:相关系数;阴影:气候态 500 hPa 位势高度);
(c)200 hPa 纬向风异常与 PC1 的负相关系数(等值线:相关系数;阴影:气候态 200 hPa 纬向风)

西侧的低空偏南气流对贵州省的水汽输送较弱，加之贵州省在异常反气旋的控制下受冷空气影响较弱，不利于南方暖湿空气和北方冷空气在贵州省上空辐合，从而引起降水量减少，表明低空副高西侧偏南气流的水汽输送与贵州省北部偏北风带来的水汽辐合对降水异常起着重要作用。对应着对流层中层 500 hPa 位势高度场的分布呈“－ ＋ －”距平分布型(图 2.7b)，副高异常中心较气候平均副高位置偏北，对应副高西侧向北的水汽输送加强，但对贵州的水汽输送减弱。在高空200 hPa，贵州地区位于气候平均高空西风急流出口区的右侧，且急流轴表现为西风异常，表明急流轴的西风加强，利于贵州上空的下沉气流增强，使对流减弱和降水量减少(图 2.7c)(吴战平 等，2011)。

2.3　夏季旱涝的海温信号

2.3.1　同期的海温特征

SST 异常是影响大气环流异常的重要原因之一。本小节分析贵州省夏季降水异常和同期 SST 异常之间的统计关系。合成结果表明，在贵州省降水偏多的夏季(图 2.8a)，孟加拉湾海区为显著正距平；在北太平洋副热带海区为显著正距平，其北部(中纬度海区 40°N 附近)为显著负距平，同时在南太平洋副热带海区有一带状的正距平区；南半球的大西洋的副热带海区存在一显著的正距平，而在中纬度海区为显著负距平。而在贵州省降水偏少的夏季(图 2.8b)，孟加拉湾海区至南太平洋东部为负海温异常，而北太平洋的中纬度海区基本受正异常海温所控制，南半球的大西洋的副热带海区存在一显著的负异常，而在中纬度海区为显著正

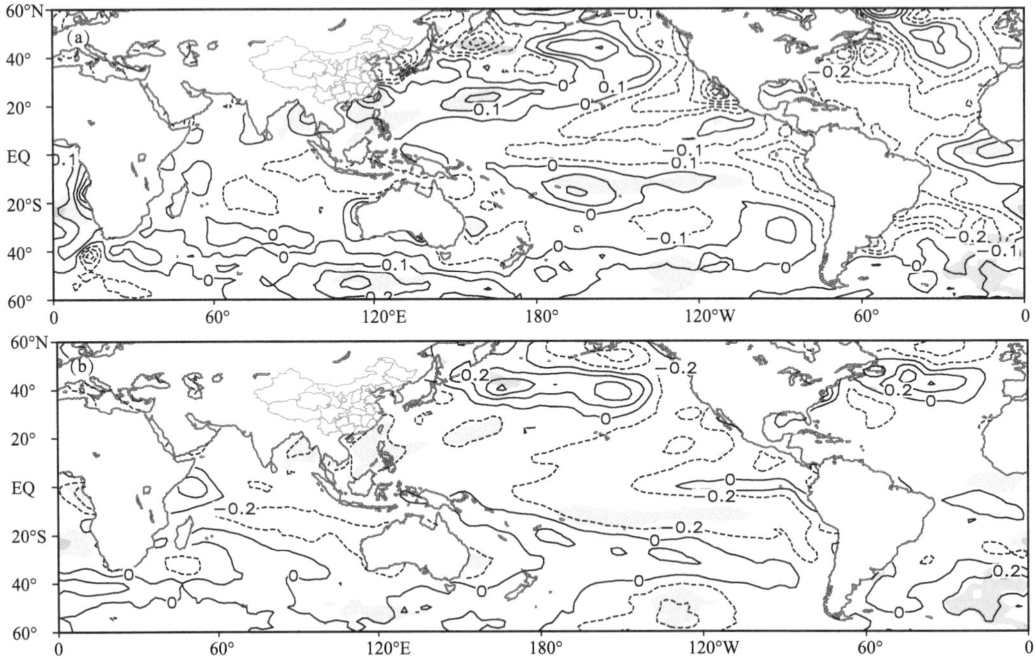

图 2.8　贵州省夏季多雨年(a)和少雨年(b)合成的 SST 异常

(等值线间隔为 0.2℃)(填色图为通过 5％显著性水平检验的地区)

异常(李忠燕 等,2016)。

2.3.2　前期的海温场信号

　　从前面大尺度环流场合成分析(图 2.3),发现 500 hPa 位势高度场在贵州省夏半年降水典型偏少年的 7—8 月在东亚地区从低纬到高纬表现为"－ ＋ －"距平分布型,并对应着低层 850 hPa 的异常气旋－异常反气旋－异常气旋流场分布,"－ ＋ －"距平分布型的出现是大气环流对 ENSO 遥强迫响应的结果,是大气环流和海温相互作用的表现(宗海锋 等,2008)。ENSO 循环是年际气候变化最强的信号,而且 ENSO 循环的不同阶段能引起我国夏季降水异常不同的分布,这已成为预测我国夏季汛期旱涝分布的重要依据之一(臧恒范 等,1984;陈烈庭,1977;黄荣辉和周连童,2002)。针对贵州省夏季降水与前期赤道中东太平洋海温的不同位相的相关性研究,表明二者之间具有一定的滞后相关性,对短期气候预测有着一定的指示意义(许丹 等,2000;池再香,2000;万汉芸 等,2001;周涛,2004)。本文从夏半年降水异常偏少年份出发,对前期赤道中东太平洋的 NINO1＋2 区、NINO3、NINO4 和 NINO3.4 区海温指数做合成分析(图 2.9),发现贵州省夏半年降水异常偏少年份时,赤道中东太平洋 SSTA 在前期春季就处于冷位相状态,并持续发展,在同期 1 月份达到峰值,之后海温开始回升,至同期春末夏初恢复正常,并逐渐回升。

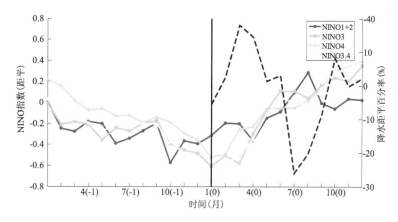

图 2.9　EOF1 降水偏少年合成的逐月降水量距平百分率(虚线)和前期及同期逐月 NINO 指数
(圆点:NINO1＋2 指数;x 符号:NINO3 指数;三角:NINO4 指数;
方块:NINO3.4 指数)(－1:表示前一年;0:表示同一年)

　　如图 2.10 所示,对贵州省夏半年降水偏少年份前期的夏季(6—8 月)、冬季(12 月至次年 2 月)海温场进行合成,发现赤道中东太平洋的海温从夏季到冬季都持续偏低,且冬季冷水的范围和强度都有所扩大和增强,海温冷位相分布形式与 La Niña 十分相似。另外,从西太平洋暖池区 SSTA 在前期夏季处冷位相到冬季转变成暖位相的分布形式,导致其上空的对流活动在夏季弱,低层气流辐散加强,反气旋性环流增强,利于赤道西太平洋产生东风异常,而西太平洋暖池处于异常冷的状态和西太平洋上空东风异常都是 La Niña 事件发生的必要条件;当冬季西太平洋暖池 SSTA 转变成暖位相时,其上空对流活动强,低层气流辐合加强,气旋性环流增强,且该异常气旋环流在冬季形成后一直可维持到夏季(图略)(Ren et al,1999;黄荣辉 等,2003)。这种大气环流和海洋之间的相互影响、相互调整导致大气环流和海温异常的稳定和维持,异常的大气环流是导致降水异常的直接原因。通过对贵州省夏半年降水典型偏少年前期夏季至冬季的 NINO 指数统计表明,在赤道中东太平洋 SST 处于冷位相的次年,贵州省夏半年降水偏少的概率为 80%;在 La Niña 事件的次年,贵州省夏半年降水偏少的概率为 100%。表明赤道太平洋海温异常导致的大气环流异常具有稳定性和持续性,对次年夏半年贵州省降水产生明显滞后效应,尤其在 La Niña 事件的次年,其影响更为显著(吴战平 等,2011)。

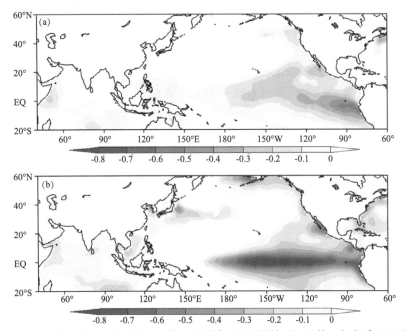

图 2.10　EOF1 降水偏少年合成的(a)前一年夏季 SST 距平场和(b)前一年冬季 SST 距平场

2.4　夏季旱涝的预测模型

2.4.1　2011 年贵州省夏旱成因分析

2011 年汛期 6—8 月贵州省气温普遍偏高,省西北部、西南部及零星河谷地带偏高明显,全省总体偏高约 0.8 ℃;降水量时空分布不均,前夏基本正常,中后夏大部显著偏少,全季除贵州省北部局部区域正常外,大部地区偏少,全省总体偏少约 36.5%。由于受持续少雨及高温天气影响,贵州省遭受了继 2009—2010 年西南大旱之后的又一次严重干旱,7 月底,东部、南部 27 站次出现了极端高温。8 月,贵州省继续遭受严重的高温及伏旱灾害,期间有 5 d 最高气温达 35 ℃以上的范围维持在 30 个县(站)以上。截至 8 月 31 日 20 时,贵州省 27 个县(市)出现特旱,36 个县(市、区)出现重旱、18 个县(市)出现中旱、3 个县(市)出现轻旱,只有 1 个县无旱。特旱区域主要分布在铜仁地区西部、黔东南州中西部、黔南州中东部及南部、六盘水市南部、黔西南州西南部、遵义市东部局地,与气候平均的夏半年降水量距平百分率中心位置分布一致(图略)。

对 2011 年 7—8 月水汽异常输送及相应的大尺度环流型分布做合成分析,发现与 2.2.3 节贵州省夏半年降水典型偏少年的高低空的系统配置异常一致,表现出在 850 hPa 低空在东亚地区上空从低纬到高纬出现异常气旋环流—异常反气旋环流—异常气旋环流形势分布,位

置较气候平均偏东,在贵州上空同样存在异常反气旋,并对应着水汽通量负异常区,(图
2.11a);对流层中层 500 hPa 位势高度场在东亚沿岸的分布为"一 ＋ 一"距平分布型(图
2.11b);在高空 200 hPa,贵州地区位于气候平均高空西风急流出口区的右侧,且急流轴表现
为西风异常(图 2.11c),表明急流轴的西风加强,利于贵州上空的下沉气流增强。以上高低空

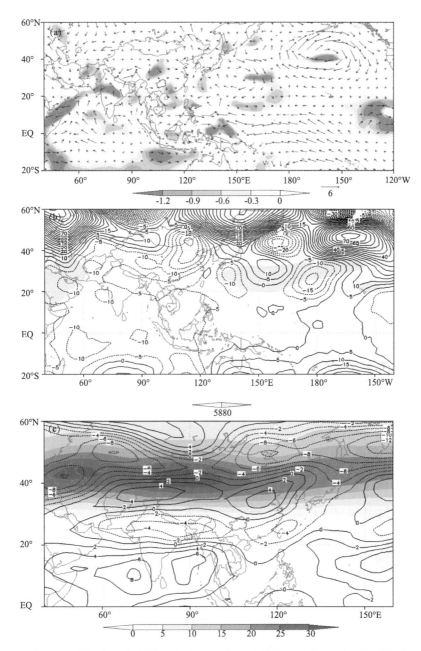

图 2.11　2011 年 7—8 月相应的合成要素场:(a) 850 hPa 水汽输送异常(箭头:水汽通量矢量;阴影:水
汽通量);(b) 500 hPa 位势高度异常(等值线:2011 年 500 hPa 异常位势高度;阴影:气候态 500 hPa 位
势高度);(c) 200 hPa 纬向风异常(等值线:2011 年 200 hPa 异常纬向风;阴影:气候态 200 hPa 纬向风)

环流异常型的分布特征进一步说明了异常的大气环流造成异常的水汽输送是造成 2011 年 7—8 月贵州省夏旱的主要原因。

对 2011 年夏旱前期的赤道太平洋 NINO1＋2 区、NINO3、NINO4 和 NINO3.4 区海温指数做合成分析(图 2.12),发现在 2010 年赤道中东太平洋 SSTA 在前期夏季就处于冷位相状态,并持续发展,在同期秋末初冬达到峰值,之后海温开始回升,至同期春末夏初恢复正常,并逐渐回升,为一次典型的中部型 La Niña 事件(吴战平 等,2011)。

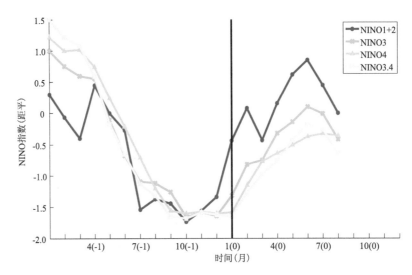

图 2.12　2010 年 1 月至 2011 年 8 月逐月 NINO 指数

(圆点:NINO1＋2 指数;x 符号:NINO3 指数;三角:NINO4 指数;方块:NINO3.4 指数)

(—1:表示 2010 年;0:表示 2011 年)(—1:表示前一年;0:表示同一年)

2.4.2　索马里越赤道气流对西南雨季开始的影响

2.4.2.1　西南雨季开始日期的气候特征

索马里急流作为对流层低层最强的越赤道气流,是南北半球间大气质量、水汽等的输送纽带。在冬夏季节转换过程中,其强度深受南半球中高纬度大气环流影响,如马斯克林高压和南极涛动。近年来,大量的研究揭示了南半球对东亚气候异常明显的前兆信号,并作为东亚降水、季风季节预测中的指示作用。我国西南地区受西南季风和东南季风共同影响,年降水循环有明显的干湿季之分,雨季开始的早晚会直接导致雨量的多寡并给该地区经济作物带来直接影响。图 2.13 红色点表示中国气象局西南雨季监测业务标准中所用站点分布,蓝色虚框包围站点为晏红明等(2013)研究所使用监测区域。二者重合站点主要位于云南、四川和贵州西部等地。统计表明,两个监测区域在 1981—2010 年 5 月 1 日至 6 月 30 日间逐日平均降水的线性相关系数值基本稳定在 0.8 左右,最低值也超过 0.53,通过 99.9％置信度检验,表明二者具有非常一致的变化特征。考虑到业务应用实际,本小节采用中国气象局发布的西南雨季监测指标(白慧 等,2017)。

在《中国气象局西南雨季监测业务标准》(李清泉 等,2017)中,计算某站自 4 月 21 日起任意 5 d 滑动累计雨量与 5—10 月候雨量气候平均的比值,在该比值≥1 的 5 d 之中雨量最大的一天确定为雨季开始待定日,在之后的 15 d 内又出现该比值≥1 的情况,即将雨季开始待定日确定为雨季开始日,雨季开始日所在的候为雨季开始候;但若在之后的 15 d 之内再未出现该比值≥1 的情况,则重复前一步骤,重新确定雨季开始待定日和雨季开始日。

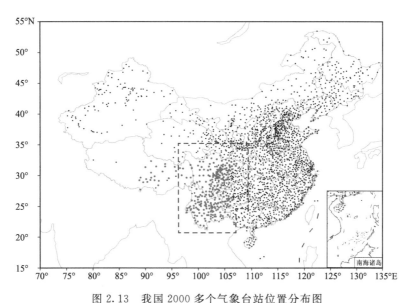

图 2.13　我国 2000 多个气象台站位置分布图
(红色点为中国气象局西南雨季监测业务标准规定所用站点分布图,
蓝色虚框为晏红明等(2013)研究所使用监测区域)

2.4.2.2　越赤道气流强度与西南雨季早晚和雨量关系

索马里越赤道气流是夏半年低层最强的一支越赤道气流,其强度的异常会对东亚夏季风暴发早晚和夏季我国东部雨带位置、强度均产生重要影响(王会军 等,2003)。图 2.14a 给出了西南雨季开始日期与 5 月大气环流的相关场。可以看出,在对流层低层风场上,最显著的相关区位于从索马里越赤道气流沿赤道印度洋北侧并经孟加拉湾直至我国西南地区的水汽输送通道,具体表现为沿赤道 40°～60°E 区域为显著负相关。由于 5 月索马里越赤道气流已经建立,这一负相关意味着索马里急流强(弱)对应于西南雨季开始早(晚)。和索马里急流区负相关相对应,在北半球赤道印度洋上空即 5°～10°N,60°～90°E 区域亦为显著负相关,而这一区域在 5 月主要盛行西风为索马里急流穿越赤道后受科氏力在赤道以北转向所致。由于赤道印度洋西风在 90°～100°E 附近即孟加拉湾转为西南气流,通过缅甸直达我国西南地区,因此在图 2.14a 的相关场上,该地区也为显著相关区。从该图还可以看出,在孟加拉湾越赤道气流通道偏西处(80°E 附近)也为负相关,这和之前研究工作认为孟加拉湾越赤道气流对西南雨季有影响的结论一致,但相关性要明显弱于雨季日期和索马里越赤道的相关性。从图上还可以看出,索马里和孟加拉湾北侧各有一显著正相关区,中心位置分别与 850 hPa 上索马里越赤道气流由偏南风转为偏西风的最大变率处及孟加拉湾西风转为西南风的最大变率处相对应。这表明印度-孟加拉湾地区的季风槽活跃,促发了雨季的开始。

与图 2.14a 相关型相反,在西南 5 月降水量与同期风场和高度场相关图上(图 2.14b),可以清楚看出索马里越赤道气流偏强后导致赤道印度洋和孟加拉湾西南水汽输送偏强并输送至我国西南上空。由于多年平均的南海夏季风暴发日期为 5 月中下旬,就气候平均而言,我国北方尤其是长江以北地区的偏北风依然维持(图略),在西南北部地区仍为北风分量相关场,表明强的索马里越赤道气流易使冷暖气流在西南地区交汇,促使西南降水增多,雨季提早。

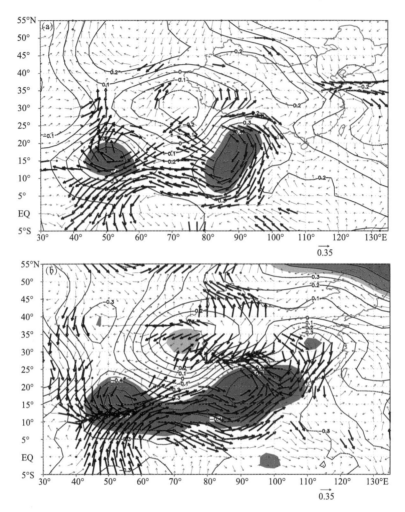

图 2.14　(a)西南雨季开始日期和(b)西南 301 站 5 月降水量与 5 月 850 hPa 风场
(箭头,其中粗箭头表示 95% 置信度)和 500 hPa 位势高度相关系数的空间分布图
(等值线和阴影,其中阴影区表示 95% 置信度)

2.4.2.3　索马里越赤道气流对西南雨季的超前影响

为分析索马里越赤道气流对西南雨季开始的触发影响,此处用越赤道气流中心点经向风速对西南降水做超前相关(图 2.15a)。可见索马里急流对西南降水有明显的超前影响,且在 8 d 前二者相关达到 95% 置信度标准,此后相关不断增强,并在 5~6 d 达到最大值。同样计算其他几支东半球低层越赤道气流通道中心经向风速和降水的关系(图略),均明显弱于如图 2.15a 所示,这和图 2.15a 的结果一致。受索马里急流作用,赤道印度洋西风与降水的关系在约一周前转为正相关,并不断增强,并在超前 4 d 时达到 95% 置信度标准。这一方面表明,在

西南雨季开始过程中,孟加拉湾上空西风起着至关重要的作用,另一方面,其强度异常也受到索马里越赤道气流的影响。

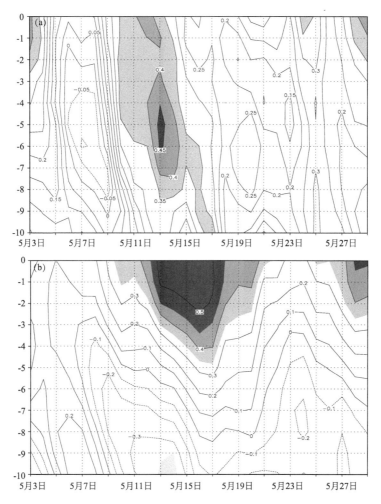

图 2.15　索马里越赤道气流中心点经向风速(a)和 10°~15°N,80°~90°E 850 hPa 纬向风(b)对西南 301 站降水的超前相关。降水和风速资料均做 5 d 平滑处理。横坐标为降水时间,纵坐标为越赤道气流或赤道印度洋纬向风超前时段,其中 0 为同期,−10~−1 分别表示超前 10~1 d。
(阴影区表示 95%置信度)

　　进一步给出同期及分别超前 2 d、4 d、6 d 的赤道经向风和 10°~15°N 平均 850 hPa 纬向风对西南 5 月逐日降水的超前相关。前已指出,夏季东半球低层主要有五支自南向北的越赤道气流,分别是索马里(中心约在 50°E)、孟加拉湾(中心约在 85°E)、南海(中心约在 105°E)、西太平洋(中心位于 125°E)及巴布亚新几内亚(中心约在 150°E 处)。但在图 2.16 中(左列),可以看到显著影响西南降水量的水汽通道仅有两支,分别为索马里和孟加拉湾越赤道气流,相比于后者,索马里越赤道气流对西南降水的影响更强、超强时间更早,其影响可以追溯至 5 月初,并在 5 月中旬开始,影响最为显著,而位于 80°~90°E 的孟加拉湾越赤道气流影响时段在 5 月中旬,但无论是和降水的相关强度还是影响时间都弱于索马里急流。而在其他三支越赤道气流处,看不到显著的和西南降水的相关性。

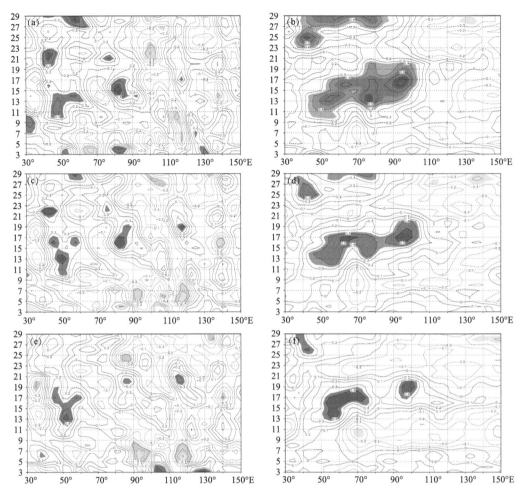

图 2.16　850 hPa 沿赤道经向风速(左列)和 10°～15°N 平均 850 hPa 纬向风(右列)对西南 5 月逐
日降水的超前相关。(a、b)同期相关;(c、d)超前 2 d;(e、f)超前 4 d;(g、h)超前 6 d。横坐标为经
度,纵坐标为降水时间(阴影区表示 95%置信度)。

　　为更清楚地看出西南雨季开始前低层越赤道气流和北半球低纬纬向风的日变化,合成了
雨季开始前 10 d 逐日沿赤道经向风速(2.5°S～2.5°N 平均)和 10°～15°N 平均纬向风速的日
较差(即后一日与前一日差值)如图 2.17 所示。可见在索马里和孟加拉湾地区的经向风在雨
季暴发前 10 d 均为正的日较差,即经向风持续增强,且均在雨季平均开始 8 d 前日增强幅度超
过 0.5 m/s,但超过 1 m/s 的增强索马里急流要早于孟加拉湾。相比于这两支越赤道气流,其
他三支(南海、西太平洋和新几内亚)无论是季内增强时间还是强度都明显弱于前二者,这也进
一步表明索马里和孟加拉湾越赤道气流对西南雨季的触发作用。赤道印度洋西风在这两支气
流季内增强后的 1 候左右也相应增强,风速的日增量也可达 1 m/s 以上(图 2.17b),并向东扩
展与孟加拉湾越西南风合并,形成稳定的水汽通道,从而为西南雨季的爆发提供水汽条件(李
清泉 等,2017)。

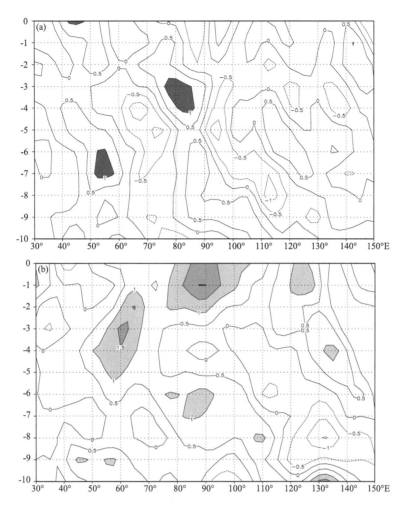

图 2.17　西南雨季开始前 850 hPa 风速日变化(后一日与前一日差值,单位:m/s),(a)沿赤道经向风速
(2.5°S~2.5°N 平均);(b)(10°~15°N)平均纬向风速。纵坐标上数值-10~-1 分别表示雨季开
始前 10~1 d,0 为同期,阴影区风速超过 1 m/s

2.4.3　西太副高对贵州省夏季降水及暴雨带的影响

2.4.3.1　副高指数与降水的相关系数

图 2.18 给出了 1979—2015 年夏季西太副高四个指数与降水的相关系数空间分布图,其中阴影区为通过 0.1 显著性检验的区域。分析图 2.18a 和 2.18b 可知,贵州省大部分区域夏季降水与副高面积指数、强度指数的相关系数为正值,但是相关不紧密,仅有东北部的部分区域通过了显著性检验。副高脊线位置与贵州大部分区域的降水为负相关,通过显著性检验的区域主要集中在遵义市东北部、毕节市及黔南州至黔东南州交界(图 2.18c)。副高西伸脊点与降水基本为负相关(图 2.18d),且除贵州南部外,大部分区域都未能通过显著性检验。

分析 6 月、7 月和 8 月副高面积指数、强度指数和降水量的空间相关系数可知(图略),6 月和 7 月,整个贵州省的夏季降水与面积指数基本为正相关,但通过显著性检验的面积小;8 月二者的相关性发生了明显的变化,贵州省中南部为负相关,而北部为正相关。6 月和 7 月贵州

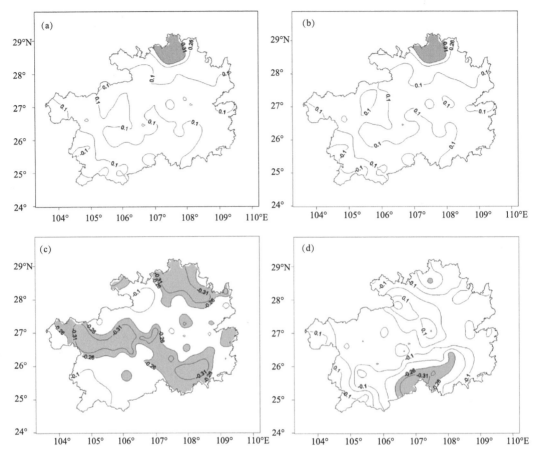

图 2.18　副高四个指数与贵州省夏季降水的相关系数空间分布图
（a）面积指数，（b）强度指数，（c）脊线位置，（d）西伸脊点
（阴影区为通过 0.1 显著性检验的区域）

中东部的降水与副高强度指数呈正相关，西部为负相关；8 月二者的相关性发生了明显的变化，贵州省中南部为负相关，而北部为正相关，在西南部及黔南州的东北部有小部分区域通过了显著性检验。

　　图 2.19 分别给出了 6 月、7 月和 8 月副高脊线位置和降水量的相关系数空间分布图，其中阴影区为通过 0.1 显著性检验的区域。分析图 2.19a 可知，6 月，贵州省大部降水与副高脊线位置为负相关，其中在贵州省南部有小部分区域二者的关系紧密，通过了显著性检验。7 月（图 2.19b），整个贵州的夏季降水与脊线位置均为负相关，且贵州西部及东北大部分区域相关性均通过了显著性检验。8 月（图 2.19c），整个贵州省的夏季降水与脊线位置仍为负相关，且贵州大部分区域都通过了显著性检验，仅在贵州省西南边缘、北部边缘有小部分区域未能通过显著性检验。大量研究表明，在副热带高压带控制下盛行下沉气流，下沉气流增温，水汽不易凝结，因而形成干燥少雨的天气，而在副热带高压脊的北侧与西风带副热带锋区相邻，多气旋和锋面活动，且副高脊线西北侧的西南气流是向暴雨区输送水汽的重要通道，伴随着上升运动，多为阴雨天气（朱乾根 等，2007）。随着夏季的来临，副高不断地西伸北推，其对贵州省降水的影响日益明显。从图 2.19 可知，副高脊线位置与贵州省夏季降水的相关性从 6—8 月逐

步升高,6 月最低,此时副高位置偏南,7 月中旬脊线位置第二次北跳越过 25°N,对应贵州降水与其相关性明显提高,副高在 7 月底或 8 月初达到一年中的最北位置,而 8 月贵州省降水与脊线位置相关性也是最高的。

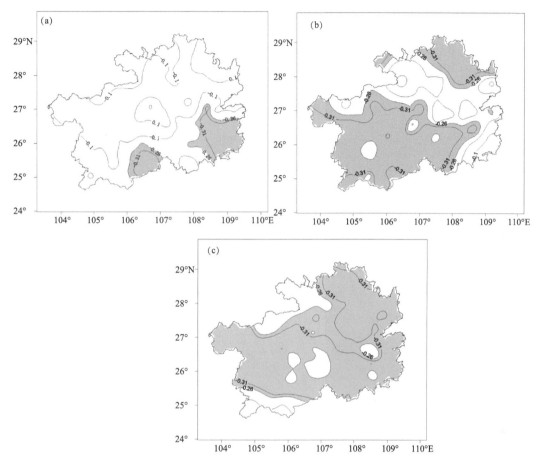

图 2.19 副高脊线位置与贵州夏季各月降水的相关系数空间分布图

(a)6 月,(b)7 月,(c)8 月

(阴影区为通过 0.1 显著性检验的区域)

同理,分析了 6 月、7 月和 8 月副高西伸脊点和降水的空间相关系数(图略),可知 6 月和 7 月,贵州省大部分区域的降水与西伸脊点呈负相关,8 月发生了较为明显的变化,贵州省大部分区域的夏季降水与西伸脊点变为正相关,贵州省东南部、西北部有小部分区域为负相关。

2.4.3.2 降水异常发生时副高指数的变化

把贵州省夏季 1979—2015 年降水量数据标准化处理,定义正负一个标准差为降水异常年,分别得到降水偏多年 7 年、偏少年 6 年(表 2.2)。

表 2.2 1979—2015 年间贵州省夏季降水异常年份

降水偏多年份	1979	1991	1993	1996	1999	2007	2014
降水偏少年份	1981	1989	1990	2006	2011	2013	

　　图2.20和图2.21为降水偏多(少)年夏季各月500 hPa高度场的合成分析,在降水偏多年的6月(图2.20a),副高位置位于117°E、14°~30°N附近,与常年相比,位置明显偏西,整个贵州省位势高度为正距平,表明500 hPa等压面上升,空气柱厚度增加,低层存在暖湿气流。7月(图2.20b),副高东退北推,位置位于120°E、18°~30°N附近,且与常年平均位置接近,贵州省大部分区域500 hPa高度场为负距平,仅在南部为正距平。8月(图2.20c),副高明显东退至135°E附近,其位置与常年平均位置接近,整个贵州省500 hPa高度为负距平,表明500 hPa等压面下降,空气柱厚度减少,低层存在干冷气流。另外,在降水偏多年,500 hPa中高纬有大槽东移,其底部南伸到贵州,低层850 hPa北方有冷空气补充,其南侧的西南气流带来充沛水汽,动力、水汽条件有利于降水的发生(图略)。

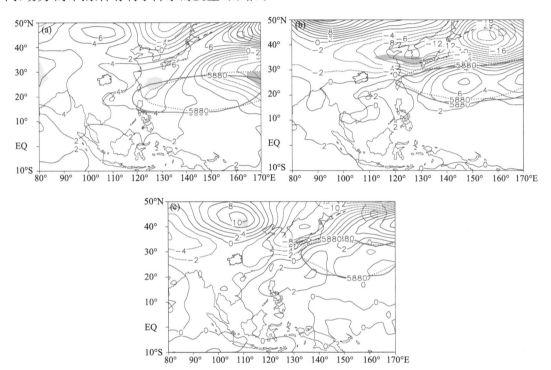

图2.20　贵州省夏季降水异常偏多年500 hPa高度场距平合成分布图(a)6月,(b)7月,(c)8月(蓝点线为副高588 dagpm线常年平均位置,蓝实线为降水偏多年副高588 dagpm线位置,中阴影区为通过0.1显著性检验的区域,红色填色区表示显著偏多,蓝色表示显著偏少,单位:dagpm)

　　分析图2.21可知,在降水偏少年的6月(图2.21a),副高位置位于122°E、14°~30°N附近,与常年相比,位置无明显变化,但是和降水偏多年相比,位置明显偏东;贵州省大部分区域位势高度为负距平,表明500 hPa等压面下降,空气柱厚度减少,低层存在干冷空气,不利于降水的发生。7月(图2.21b),副高明显东退北推,位置位于124°E、20°~35°N附近,且与常年平均位置相比略偏东,贵州省北部为正负距平,南部为负距平。8月(图2.21c),副高明显东退至145°E附近,贵州省大部500 hPa位势高度为负距平,表明500 hPa等压面下降,空气柱厚度减少,低层存在干冷气流,仅在东北部边缘为正距平。另外,在降水偏少年,500 hPa中高纬东亚大槽稳定存在,但是位置偏东,且低层850 hPa北方无明显冷空气影响,动力条件不利于降水的发生(图略)。

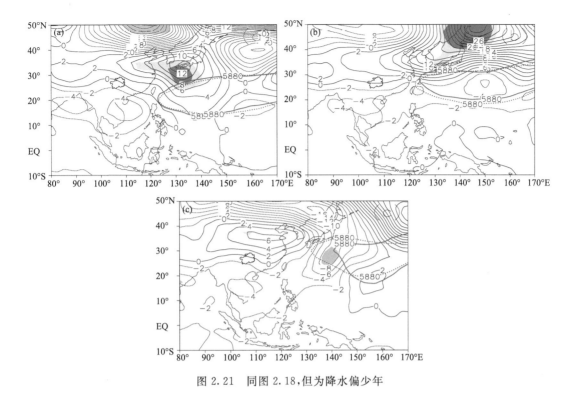

图 2.21 同图 2.18,但为降水偏少年

计算了降水在偏多(少)年时对应的副高指数(表 2.3),可知,降水异常偏多时,副高面积指数为 69,强度指数为 142.4,较之偏少年的 57.1、115 明显偏大,说明副高面积与强度指数与降水呈正相关,当面积增大或强度增强时,对应整个贵州省的降水是偏多的。降水偏多时副高脊点位置位于 25.1°N,较之降水偏少年的 26.4°N 位置明显偏南;降水偏多年时平均西伸脊点位于 126°E,偏少年时副高东退至 128.6°E。该结果与本书 2.4.3.1 小节的结论一致,即降水与面积、强度指数为正相关,而与脊线位置、西伸脊点为负相关。

表 2.3 贵州省夏季降水异常时的副高指数

	面积指数	强度指数	脊线位置(°N)	西伸脊点(°E)
降水异常偏多年	69.0	142.4	25.1	126
降水异常偏少年	57.1	115.0	26.4	128.6

2.4.3.3 副高指数与降水的凝聚小波分析

图 2.22 给出了夏季副高指数与夏季降水总量的凝聚小波分析,实线为通过 0.05 的白噪声检验的临界值,细实线为小波变换的数据边缘效应影响较大区域,箭头由左指向右表示二者同位相变化,箭头竖直向上表示前一个变量变化超前于后一个 90°。分析图 2.22a 可知,副高面积指数与降水在 1979—1989 年、1992—1998 年这两个时间段具有 2~4 a 较为显著的凝聚共振关系,其中在 1979—1989 年二者有 3~4 a 的凝聚共振关系,且二者基本为同位相变化;在 1992—1998 年二者有 2 a 的凝聚共振关系,其余时间段二者的凝聚共振关系不好,没有通过显著性检验。副高强度与降水在 1979—1989 年具有 2~4 a 的凝聚共振关系(图 2.22b),且二者基本为同位相变化,其余时间段的凝聚共振关系不好。副高脊线位置与降水在 1990—

1998年具有2 a的凝聚共振关系(图2.22c),其相关系数达到了0.8以上,且脊线位置与降水呈反位相变化,脊线位置的变化明显超前于降水的变化,其余时间段凝聚共振关系不好。副高西伸脊点与降水在2~4 a上具有较为显著的凝聚共振关系(图2.22d),特别是在1990—2000年,其2~3 a的凝聚共振关系显著,相关系数达到了0.8以上,且西伸脊点与降水呈反位相变化,前者超前于后者。总结图2.22可知,副高的四个指数与降水在2~4 a上均具有较好的凝聚共振关系,其中副高面积、强度分别与降水基本呈正位相变化,而副高脊线位置、西伸脊点分别与降水呈反位相变化,脊线位置和西伸脊点的变化均超前于降水的变化。

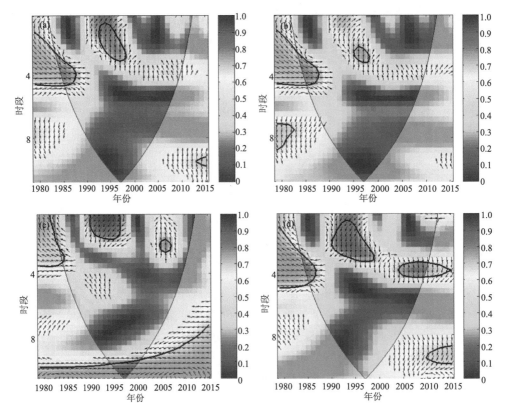

图2.22　副高指数与贵州夏季降水量的凝聚小波分析(a),
面积指数(b),强度指数(c)和 脊线位置(d) 西伸脊点

2.4.3.4　副高变化与贵州省夏季暴雨的关系

利用2011—2015年逐日降水资料及逐日副高指数资料,对二者的关系进行了分析。图2.23给出了暴雨站数与对应当日脊线位置的散点图,分析图2.23a可知,近5年6月贵州省共出现过63次暴雨,暴雨发生时,脊线位置位于$15°~20°N$的有12次,$20.1°~25°N$的有44次,$25.1°~30°N$的有7次,脊线位置约$15°~30°N$,平均位置$21.9°N$。分析图2.21b可知,近5年7月贵州省共出现50次暴雨过程,脊线位置位于$22°~29°N$的有32次,$29.1°~35°N$的有18次,脊线位置在$22°~35°N$,平均位置在$27.6°N$。分析图2.23c可知,近5年贵州省8月共出现40次暴雨过程,脊线位置位于$20°N$以下的有1次,$22°~26°N$的有12次,$26.1°~30°N$的有10次,$30°N$以上的有17次,脊线位置约在$20°~36°N$,平均位置在$28.6°N$。

若定义当日暴雨站大于 10 站为一次全省性暴雨过程,可知 6 月出现的 13 次全省性暴雨过程中,脊线平均位置 22.2°N,其中在 16°~21°N 的有 2 次,21.1°~25°N 的有 10 次,27°N 以上的有 1 次。7 月共出现 10 次全省性暴雨过程,脊线平均位置 27.4°N,其中 22°~25°N 的有 2 次,25.1°~27°N 的有 4 次,27.1°~30°N 的有 2 次,30°N 以上的有 2 次。8 月共出现 6 次全省性暴雨过程,脊线平均位置为 26.3°N,其中 26°~29°N 的有 3 次,20°~22°N 的有 2 次,30°N 以上的有 1 次。

比较图 2.23a,b,c 可知,6 月出现暴雨天气时脊线位置主要集中在 21°~24°N,平均位置 21.9°N,7 月和 8 月脊线位置明显北移,7 月主要集中在 22°~35°N,平均位置 27.6°N,8 月继续北移,平均位置 28.6°N。

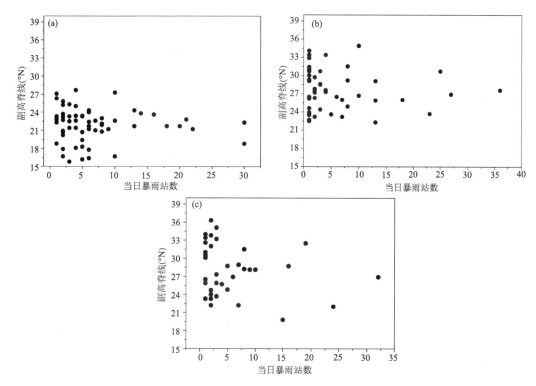

图 2.23 副高脊线位置与当日暴雨站数的散点图
(a) 6 月,(b)7 月,(c)8 月

图 2.24 给出了暴雨站数与对应当日副高西伸脊点的散点图,分析图 2.24a 可知,近 5 年贵州 6 月出现的 63 次暴雨过程中,西伸脊点在 90°~110°E 的有 19 次,在 110.1°~125°E 的有 32 次,125.1°E 以东的有 12 次,西伸脊点在 90°~142°E,平均西伸脊点 115°E。分析图 2.24b 可知,近 5 年贵州省 7 月出现的 50 次暴雨过程中,西伸脊点在 90°~110°E 的有 24 次,在 110.1°~125°E 的有 22 次,125.1°E 以东的有 4 次,西伸脊点位置在 90°~142.4°E,平均西伸脊点 109.6°E,其中最西脊点位置 90°E(近 5 年共出现过 10 场暴雨,其中全省性暴雨有 1 次)。分析图 2.24c 可知,近 5 年 8 月出现的这 40 次暴雨过程中,西伸脊点在 90°~110°E 的有 22 次,110.1°~125°E 的有 10 次,125.1°E 以东的有 8 次,西伸脊点位置在 90°~141.8°E,主要集中位置有两个,一个在 90°E,另一个在 118°~130°E,平均西伸脊点 107.1°E。

6月的全省性暴雨过程中,西伸脊点平均位置为 112.7°E,其中在 90°~100°E 的有 3 次,100.1°~110°E 的有 2 次,110.1°~120°E 的有 5 次,120°E 以东的有 3 次。7月的全省性暴雨过程中,西伸脊点平均位置为 109.6°E,其中在 90°~100°E 的有 2 次,100.1°~110°E 的有 3次,110.1°~120°E 的有 3 次,120°E 以东的有 2 次。8月的 6 次全省性暴雨过程中,西伸脊点平均位置为 100.9°E,其中在 90°E 有 4 次,另外两次分别为 116.8°E 和 128.8°E。

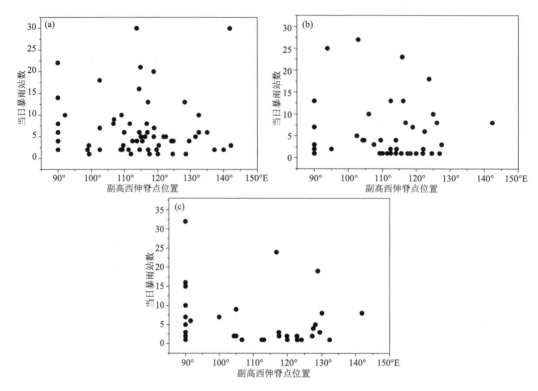

图 2.24　副高西伸脊点位置与当日暴雨站数的散点图
(a)6 月,(b)7 月,(c)8 月

比较图 2.24a,b,c 可知,6月出现暴雨天气时副高西伸脊点主要集中在 108°~125°E,平均西伸脊点 115°E,7 月,西伸脊点明显西移,主要集中在 110°~128°E,平均西伸脊点 109.6°E,8月继续西伸,位置集中在 90°E 及 118°~130°E,平均西伸脊点 107.1°E。

这些结论与 2.4.3.2 节中得到的结论大致相同,但仍有出入,2.4.3.2 节中降水异常多时脊线位置、西伸脊点分别为 25.1°N/126°E,而暴雨日副高平均位置为 26°N/110.5°E,全省性暴雨为 25.3°N/107.7°E。2.4.3.2 节中分析的对象为降水异常年时副高的平均位置,所用资料为逐月资料,且时间长度为 37 a,而本节所用的资料为逐日资料,且时间长度只有 5 a,另外,王芬等(2015)研究发现,降水偏多年时贵州省暴雨日数并没有增加,只是大雨日和中雨日明显偏多,这些原因都有可能导致 2.4.3.2 节与 2.4.3.4 节结论有所出入。

以上分析表明 7、8 月副高脊线位置与贵州降水关系较为密切,但是脊线位置发生变化时,对应贵州的暴雨带发生了怎样的变化呢?图 2.25 给出当 7 月和 8 月副高脊线位置分别在 21°~25°N、25°~29°N、29°~33°N 摆动时该站近 5 a 累计暴雨日的空间分布。分析图 2.25a 发现,当副高脊线位置位于 21°~25°N 时,贵州省的暴雨主要有两个集中地带,一个以黔西南州兴义市为中心,另一个在黔南州东北部至黔东南州一带,其中黔西南州兴义市的暴雨日达到 5 d,位于黔西南州东部的望谟县为 4 d,而第二个暴雨中心黔东南州的天柱县、雷山县为 4 d。随着副高的北移至 25°～29°N(图 2.25b),暴雨带明显北移,暴雨主要分布在贵州省的中北部一带,且暴雨日数较之副高在 21°～25°N 时明显增多,在 0～7 d,主要有两个暴雨中心,一个以遵义市凤冈县为中心,最大值达到 7 d,另一个位于毕节市、贵阳市交界,以毕节市织金县为最大,达到 7 d。当副高再次北移至 29°～33°N 时(图 2.25c),整个贵州省的暴雨日明显减少,在 0～3 d,其暴雨中心主要位于安顺市至黔南州西北部一带,其中黔西南州兴义市、黔南州长顺县、安顺站、安顺市普定县均达到 4 d。

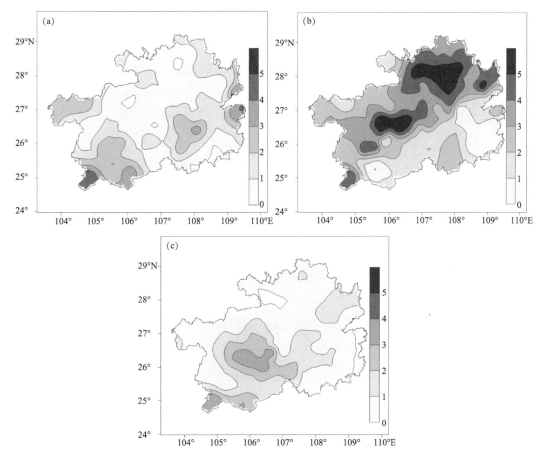

图 2.25　7、8 月副高脊线位置变化时贵州暴雨日的分布(d)
(a) 21°～25°N,(b)25°～29°N,(c)29°～33°N

　　分析 7 月和 8 月西伸脊点分别位于 90°～100°E、100°～110°E、110°～120°E、大于 120°E 这四个位置时贵州省暴雨的空间分布(图略)。分析发现,当西伸脊点位于 90°～100°E 时,贵州省暴雨主要有两个集中地带,一个是贵阳市至安顺市北部,另一个在铜仁市一带。随着副高的东退至 100°～110°E,暴雨日较之在 90°～100°E 时明显减少,暴雨中心位置北移至黔东北、黔西北一带,主要有两个暴雨中心,最主要的暴雨中心在遵义市、贵阳市北部至铜仁市北部一带。当副高再次东退至 110°～120°E,贵州省暴雨日继续减少,其暴雨中心较多,但是其覆盖面积较小,分别位于黔西南州、毕节市北部、安顺市及遵义市东部一带。当副高继续东退至 120°E 以东时,整个贵州的暴雨中心位于贵州中西部的安顺市一带。即当副高脊线位置摆动时,对应的贵州暴雨带发生明显的变化,暴雨带主要位于副高的西北侧,当脊线位置位于 25°～29°N 时贵州暴雨最多,当脊线位置继续北跳越过贵州时,贵州暴雨明显减少。而西伸脊点变化时,对应的贵州暴雨带变化不明显,当西伸脊点位于 90°～100°E 时,贵州暴雨日最多,随着副高的东退,暴雨减少(王芬 等,2017)。

第3章

贵州省冬季冻雨的预测信号和概念模型

冻雨是我国西南地区冬季主要的灾害性天气,而贵州省是我国出现冻雨最频繁的省份(欧建军 等,2011)。通常,贵州省持续性强冻雨天气的频发地带集中在 27°N 一线,并与我国南方低温阴雨雪相伴,这与亚洲中高纬度阻塞形势的稳定、崩溃、重建密切相关,欧亚大陆大气环流异常、中高纬度稳定的阻塞形势对冻雨天气的逆温层维持十分有利(丁一汇 等,2008;陶诗言和卫捷,2008;杜小玲 等,2010;杜小玲和蓝伟,2010;王林和冯娟,2011)。从 2008 年初的南方持续低温雨雪冰冻灾害发生以来,科研人员对冻雨的个例分析及发生机制做了大量的研究,关注中高纬大气环流异常稳定背景下,冻雨区上空逆温层和准静止锋结构特点(杜小玲 等,2012,2014)。已有研究表明,位于长江或江南地区的准静止锋(或切变线)是雨雪冰冻天气形成的重要影响系统,当出现暖层较强、冷层也较强的上下层温度层结配置时,冻雨最明显、最强,并强调了近地面冷空气层与其上暖层(逆温层)或融化层对冻雨的贡献(杨贵名 等,2008;赵思雄 等,2008;孙建华 等,2008)。通常,逆温层的存在是冻雨发生的必要条件,低层湿度较大的逆温常以冻雨天气为主,贵州省西部以没有融化层的"单层结构"为主,贵州省中部"单层结构"和"二层结构"均存在(李登文 等,2009;陶玥 等,2013)。对于西南地区冻雨的天气学特征已经有了较多的研究(Deser et al,1990;Hoerling et al,1997;Wu et al,2010;Wang et al,2012;常蕊 等,2008;顾雷 等,2008;吴俊杰 等,2014;袁媛 等,2014;宗海峰 等,2008;张庆云 等,2008;宋连春,2012;刘少峰 等,2008),但是仍比较缺乏针对冻雨的气候特征及其大尺度环流影响系统的研究。本章节结合贵州省地区冻雨气候特征,划分出贵州省高寒地区范围、研究影响冬季冻雨多寡的大尺度环流系统以及海温异常对贵州省冬季冻雨日数异常的可能影响,并讨论海温异常的年际信号在贵州省冬季冻雨日数预测中的应用能力(白慧 等,2016)。根据气候预测业务需求,在已有研究基础上,利用最新资料进一步提炼归纳贵州省冬季雨凇灾害预测模型,且将模型指标量化。

3.1 高寒地区划分

贵州省特殊的地理因素如低纬、山区、高原、地形地势以及由此引起的区域气候特征变化的多样性和复杂性,使得贵州省哪些地方属于"高寒地区"一直没有明确的说法。目前,我国对于高寒地区还没有定量的"国标"来划定,通常定性地描述为处于高海拔(或高纬度)的寒冷地区(寒冷地区通常指最冷月平均气温在 0 ℃ 以下)。高寒地区可分成 3 种类型:高海拔河谷地区和高纬度地带的平原地区,如雅鲁藏布江和黑龙江北部地区;高原盆地,如藏北高原、柴达木盆地等(陈莉 等,2007;朱宝文 等,2012;梁川 等,2013;罗一豪 等,2013)。根据国际通行的海拔划分标准:1500～3500 m 为高海拔地区。因此,对贵州省而言,"高寒地区"可近似定义为:海拔高度在 1500 m 以上,最冷月平均气温在 0 ℃以下的地区。贵州省各县海拔在 1500 m 以上的气象站点为赫章、威宁、水城、普安、盘县、毕节、大方、晴隆,但最冷月平均气温均在 0 ℃以上,其中月平均气温最低出现在大方的 1 月,为 1.9 ℃。由此看来,贵州省似乎并不存在"高寒地区",而贵州省冬季经常出现的冻雨天气造成的雨凇(凝冻)现象(严小冬 等,2009;白慧 等,2011;吴战平 等,2014)以及与北方冬季"干冷"完全不同的"湿冷"现象(朱君 等,2011;陈百炼等,2014),尤其在贵州省的西部高海拔地区冬季由于平均气温较低、平均相对湿度较大,使得人体舒适感降低尤为明显,对寒冷的感受并不亚于北方(白慧 等,2014)。本章结合贵州省冬季具有地方特色的"凝冻"灾害的气候特征和"湿冷"的气候特点,从适应人体舒适的供暖需求出发,建立适宜贵州省区域内的城市供暖气象标准,并探讨符合贵州省冬季湿冷实际的"高寒地区"的划分指标和范围。

3.1.1　贵州省冬季凝冻灾害的气候特征

从全省 84 个气象测站累年年平均雨凇日数分布图(图 3.1)可以看出,贵州省雨凇日数的空间分布呈西部多、东部少,中部多、南北少的气候特征。年平均雨凇日数出现 10 d 以上的区域集中分布在 25.5°～27.5°N 一带的较高海拔(>1000 m)的中部地区和高海拔(>1500 m)的西部地区,沿 27°N 呈东西带状有 4 个大值中心(年平均雨凇日数均在 20 d 以上),分别是威宁、大方、开阳和万山,以威宁的 40.6 d 为最多,居全省之冠。另外,在北部的赤水河谷,南部边缘地区的望谟、罗甸和荔波等地,常年无雨凇,是贵州省的天然温室。

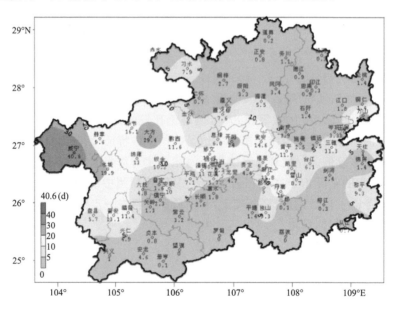

图 3.1　1981—2010 年贵州冬季平均雨凇日数的空间分布图

进一步分析贵州省冬季多年平均雨凇日数与海拔高度的关系(图 3.2),发现大方、万山和开阳 3 站的拟合度较差,表明影响雨凇多寡的因子除了海拔高度外,还有其他因素存在。究其原因,万山站主要是受相对高度的影响:万山的海拔高度虽然只有 883.4 m,但比周围测站高出 400~600 m,特殊的地理位置利于雨凇形成,年平均雨凇日数达 25 d 之多,而其周围测站的雨凇日数仅有 2~5 d。开阳站主要是受迎风坡和背风坡的影响:迎风坡雨凇多,背风坡雨凇少,贵州省地形是西高东低的倾斜面,属于东北风的迎风坡,利于雨凇形成。开阳主要是受迎风坡影响,加之北邻乌江河谷,水汽条件充沛,虽然海拔高度 1351.3 m,雨凇日数却比海拔1813.6 m 的水城还多 4 d。

除了上述影响因素外,冬半年在威宁、盘县南北向常维持一准静止锋,当锋面处于活跃阶段,锋面逆温较强,伸展较远,全省都会受其影响,利于形成大范围的雨凇,但当后期冷空气变性或静止锋区向西移时,锋区减弱,锋面逆温抬高,在贵州省东部上空已锋消,而西部仍能较长时间受到锋影响,还可维持低温雨凇天气,这也是西部雨凇日数较多的主要原因(吴站平 等,2015)。

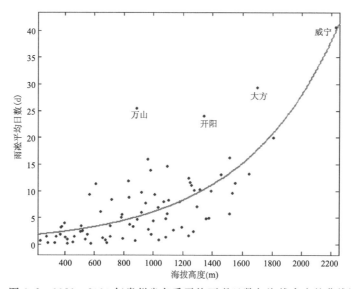

图 3.2　1981—2010 年贵州省冬季平均雨凇日数与海拔高度的曲线图

3.1.2　湿冷地区集中供暖气候指标

根据我国《民用建筑供暖通风与空气调节设计规范》(GB 50736—2012)(以下简称"规范",徐伟 等,2012):宜设置集中供暖条件是累年日平均气温稳定低于或等于 5 ℃的日数大于或等于 90 d 的地区。指标基于 30 年累年日平均进行计算,日平均气温稳定低于或等于 5 ℃的日数大于或等于 90 d,系指室外连续 5 d 的滑动平均气温低于或等于 5 ℃,中间不允许间断,且持续日数在 90 d 或以上。基于以上集中供暖指标,对贵州省主要城市累年平均气温进行分析,结果显示,贵州省 9 个市州城市代表站的气温条件均达不到集中供暖指标(表 3.1)。

表 3.1　贵州省主要城市集中供暖指标符合情况(1981—2010 年)

临界气温	贵阳	水城	毕节	遵义	铜仁	安顺	凯里	都匀	兴义
日平均气温稳定低于或等于 5 ℃天数	10	62	68	24	0	33	23	0	0
集中供暖指标符合情况	否	否	否	否	否	否	否	否	否

贵州省冬季相对湿度较大,在整个冬季 82% 的时段中相对湿度达 70%,尤其在海拔较高的西部和北部地区最为显著,其中毕节站达 93%。同时,全省的风速较小,主要集中在轻风及

以下等级,占 94%。因此,在贵州省冬季相对湿度大风速小的"湿冷"气候特征背景下,综合考虑气温和相对湿度对适应人体舒适的供暖需求的影响,建立适宜贵州省湿冷地区的集中供暖气候标准(吴站平 等,2015)。

3.1.2.1 湿冷地区集中供暖气候指标

将气温和相对湿度作为构建人体舒适度的主要气象因子,我们将 I_{HC} 作为确定"湿冷"地区集中供暖指标的基础。人体舒适度指数计算及分级如下(白慧 等,2014;胡毅 等,2007;闵俊杰 等,2012):

$$I_{HC} = T - (0.55 - 0.55RH) \times (T - 58)$$

式中,T 为气温(单位,℉[①]),其中 $T(℉) = T(℃) \times 9/5 + 32$;$RH$ 为相对湿度(单位,%),I_{HC} 指数对应的范围如表 3.2。

表 3.2 人体舒适度指数(I_{HC})

指数段	等级	对应人体感觉
86～88	4 级	人体感觉很热,极不舒服,需注意防暑降温,以防中暑
80～85	3 级	人体感觉炎热,很不舒适,需注意防暑降温
76～79	2 级	人体感觉偏热,不舒适,需适当降温
71～75	1 级	人体感觉偏暖,较为舒适
59～70	0 级	人体感觉最舒适,最可接受
51～58	—1 级	人体感觉偏凉,不舒适,需注意保暖
39～50	—2 级	人体感觉偏冷,很不舒适,需注意保暖
26～38	—3 级	人体感觉很冷,很不舒适,需注意保暖防寒
≤25	—4 级	人体感觉寒冷,极不舒适,需要保暖防寒,防止冻伤

根据我国集中供暖区代表城市供暖期气候要素、人体舒适度指数及"规范"中集中供暖的指标,可对"湿冷地区集中供暖指标"进行确定。"规范"中以 5 ℃ 作为集中供暖气温阈值,但未考虑相对湿度因素,这里选取东北地区、华北地区、西北地区、华东地区和华中地区 15 个省会城市作为我国集中供暖区代表城市,以代表城市冬季(12 月至次年 2 月)平均相对湿度作为第二气象因子,建立适宜"湿冷"地区集中供暖气候标准(表 3.3)。首先将人体舒适度指数 I_{HC} 作为确定"湿冷"地区集中供暖指标的基础,以"规范"中集中供暖指标平均气温 5 ℃ 和我国集中供暖代表城市的冬季平均相对湿度 57.3% 计算出来的人体舒适度 I_{HC} 指数作为阈值,可确定"湿冷地区的集中供暖指标"。

在"规范"基础上综合考虑气温、相对湿度制定的集中供暖指标称为"湿冷地区集中供暖指标",其定义为:累年日平均人体舒适度指数 I_{HC} 稳定低于或等于 45 的日数大于或等于 90 d 的区域适宜集中供暖(吴站平 等,2015)。

表 3.3 中国集中供暖城市冬季相对湿度(1981—2010 年)

省份	省会	站号	冬季平均相对湿度(%)
黑龙江	哈尔滨	50953	68.7
吉林	长春	54161	63.3

---

① 注:℉为华氏温度单位。

续表

省份	省会	站号	冬季平均相对湿度（％）
辽宁	沈阳	54342	60.0
内蒙古	呼和浩特	53463	55.3
河北	石家庄	53698	54.0
山西	太原	53772	50.7
北京	北京	54511	44.0
天津	天津	54527	56.7
山东	济南	54823	52.7
河南	郑州	57083	59.3
新疆	乌鲁木齐	51463	77.0
青海	西宁	52866	47.0
甘肃	兰州	52889	51.3
宁夏	银川	53614	54.7
陕西	西安	57036	64.3
	平均		57.3

3.1.2.2　影响因子敏感性分析

对贵阳市 1981—2010 年冬季逐日相对湿度≥70％和≥80％的日数频率分别进行统计，发现贵阳市冬季有 77％和 52％的时段处于相对湿度 70％和 80％及其以上的高湿环境中，基于这种背景下分别对逐日平均气温和 I_{HC} 进行线性拟合，发现二者拟合度分别为 0.9906 和 0.9939，均通过 0.05 信度检验（图 3.3），假设 $I_{HC}=45$，反算其临界平均气温分别为 6.5 ℃和 6.7 ℃，即表明在贵阳市冬季相对湿度越高的环境下，I_{HC} 指数对平均气温的变化就具有越高的敏感性，且相对湿度的增加，会使人体舒适感降低。

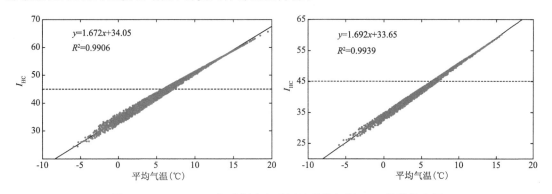

图 3.3　1981—2010 年贵阳市冬季逐日平均气温－I_{HC} 指数散点图

3.1.3　贵州省高寒地区的划分

从上述分析的贵州省冬季雨凇天气多、气温低和相对湿度大的气候特征，可以发现，在这种低温高湿环境下，大气中的水蒸气吸收身体的热辐射，会使人体感到阴冷并易受冻，表明贵州省冬季"湿冷"不同于北方"干冷",正是由于相对湿度的加大,大大降低了体感温度。因此,对湿冷地区的"高寒地区"划分需要综合考虑气温和相对湿度的影响。

1981—2010 年冬季贵州省平均气温和相对湿度的空间分布(图 3.4),大致表现为西北部地区的"湿冷"、南部边缘地区的"暖干"及其余地区的过渡地带。尤其在大方(3.2 ℃、88%)、开阳(3.6 ℃、87%)、习水(4.0 ℃、87%)和水城(4.5 ℃、83%)附近表现出的"湿冷"特征尤为明显。

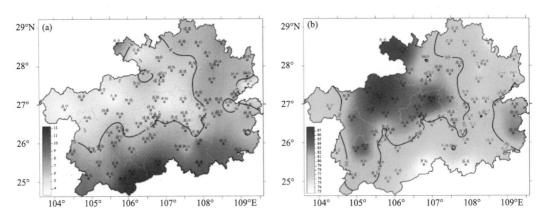

图 3.4　1981—2010 年贵州省冬季平均气温(a)和平均相对湿度(b)的空间分布图

按照"湿冷地区集中供暖指标"的定义,计算 1981—2010 年冬季贵州省 I_{HC} 平均值和 I_{HC} ≤45 的日数占冬季总日数百分率(图 3.5),发现冬季 I_{HC} ≤45 的分布区域主要在贵州温湿特征表现为"湿冷"的西北部地区,并且在该地区 I_{HC} ≤45 的日数达到冬季总日数的一半及以上。

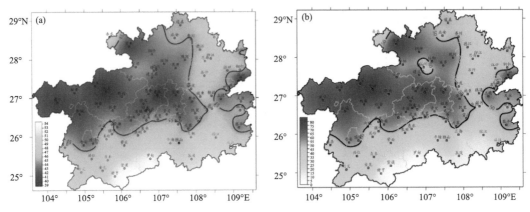

图 3.5　1981—2010 年贵州省冬季 I_{HC}(a)和 I_{HC}≤45 日数百分率(b)的空间分布图

统计 1981—2010 年贵州省 84 个气象站中达到集中供暖指标的统计值(表 3.4),结果显示,开阳、习水、万山、毕节、大方、威宁和水城 7 站满足"湿冷地区集中供暖指标",主要集中供暖时段大致为 11 月底至次年 3 月初,持续时间达 90 d 以上,上述站点的分布与贵州省凝冻灾害较严重的地区一致。再结合"高寒地区"定义中要求的高海拔(>1500 m)特征,地处贵州省西北部的毕节、大方、威宁、水城 4 站符合"高寒地区"范畴,但贵州省相对海拔较高、雨凇天气较重的开阳、习水、万山在供暖需求方面也应充分考虑(吴站平 等,2015)。

表 3.4　1981—2010 年贵州省 84 个气象站中达到集中供暖指标的统计值

站名	开始日期(月—日)	结束日期(月—日)	持续天数(d)	I_{HC}平均值
开阳	11—28	03—06	99	40
习水	11—29	03—03	95	41
万山	12—04	03—04	91	40
毕节	12—01	03—05	95	41
大方	11—26	03—08	103	39
威宁	11—25	03—09	105	41
水城	12—01	03—05	95	42

3.2　冬季冻雨的环流形势

区域气候的年际变化与大尺度环流异常有密切的联系。图 3.6 给出贵州省冬季冻雨日数距平回归的大气环流异常场的特征。当贵州省冬季冻雨日数偏多时,在海平面气压距平场上(图 3.6a),欧亚中高纬地区为显著的正距平,东亚地区(30°～55°N,100°～120°E)正距平与西北太平洋(30°～55°N,150°～170°E)负距平呈明显的反位相变化(Gong et al,2001;Chan et al,2004),表明偏多年西伯利亚高压偏强,东亚地区海—陆气压差偏大,利于东亚冬季风偏强。在热带海洋上,印度洋为显著的负距平,表明低值系统活跃,利于西南暖湿水汽的向北输送偏强,东、西太平洋海平面气压的"跷跷板"式的变化,反映出南方涛动海平面气压异常分布型的特征。在 500 hPa 位势高度距平场上(图 3.6b),欧亚中高纬地区上空呈"北高南低"的异常环流形势,乌拉尔山至贝加尔湖地区上空为明显的正距平,东亚地区为明显的负距平控制,这种异常环流形势利于引导冷空气不断沿蒙古高原东侧南下入侵我国南方地区;在热带到副热带地区,从印度洋到太平洋大部都为负距平控制,表明副热带地区印缅槽偏强,西太平洋副热带高压偏弱。在 850 hPa 矢量风距平场上(图 3.6c),阿拉伯海至孟加拉湾海域上空存在异常气旋环流,其东侧的偏南暖湿气流北上,与西南低空急流相叠加,在贵州省西北部与高纬南下冷空气汇合,形成稳定的低空锋区,利于低层大气的热量、水汽和能量的累积。在 700 hPa 矢量风距平场上(图 3.6d)可以看到孟加拉湾东北部海区存在异常反气旋,其西侧偏南风异常向北输送,在贵州省上空形成西南—东北向的异常西南风带,利于西南暖湿水汽的输送。在 200 hPa 矢量风距平场上,巴尔克什湖南侧为异常气旋场,我国长江以南地区为异常反气旋,30°N 附近呈西风异常,东亚副热带急流偏强(图略)。在 850 hPa 温度距平场上(图 3.6e),欧亚中高纬与东亚地区为显著的负异常,我国大部分地区气温偏低,其中西北、华中、华南和西南地区尤为显著。在 500 hPa 温度距平场上(图 3.6f),欧亚地区上空中高纬和副热带呈"北低南高"距平分布,我国长江以南地区气温偏高,中层(500 hPa)偏暖、低层(850 hPa)偏冷有利于形成逆温层。由此可见,贵州省冬季冻雨日数异常年份,欧亚地区对流层从低层到高层的大气环流均表现出明显的异常特征。一般情况下,贵州省冬季冻雨日数偏多(少)年,大气环流异常呈现出西伯利亚高压偏强(弱)、东亚地区海陆气压差偏大(小)的强(弱)东亚冬季风环流特征,同期印缅槽偏强(弱)、东亚副热带急流偏强(弱)。蒙古高原东侧东北风异常与孟加拉湾附近西南风异常,使得中高纬南下的冷空气和孟加拉湾北上的暖湿气流在贵州省西北部汇合较常年偏强,这是影响贵州省冬季冻雨日数偏多的主要原因(白慧 等,2016)。

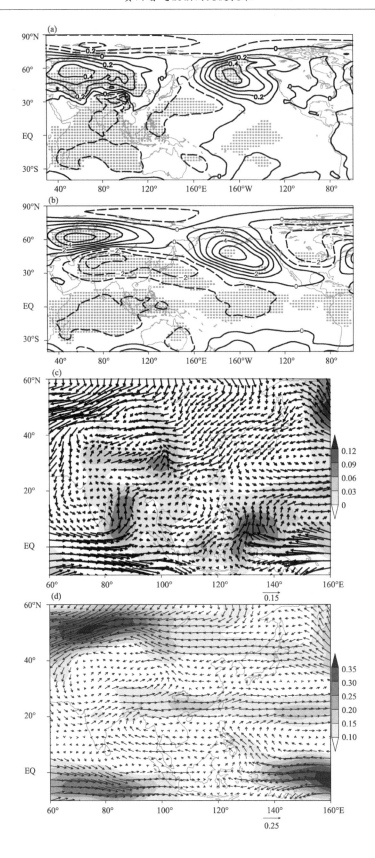

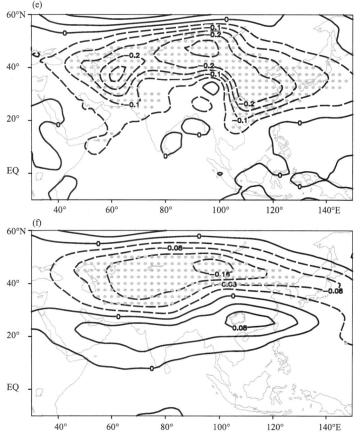

图 3.6　贵州省冬季冻雨日数距平回归的(a)同期冬季海平面气压距平场(单位:hPa),(b)500 hPa
位势高度距平场(单位:gpm),(c)850 hPa 矢量风距平场(阴影:经向风距平,单位:m/s),(d)700 hPa
矢量风距平场(阴影:风速距平,单位:m/s),(e)850 hPa 温度距平场(单位:℃),和(f)500 hPa 温度
距平场(单位:℃),(圆点:回归系数通过 α=0.05 显著性水平检验)

3.3　冬季冻雨的海温信号

3.3.1　冬季冻雨前期及同期海温信号

海温异常对大气环流的变化及区域的气候异常有重要的影响(赵永晶 等,2009;黄菲 等,
2012)。图 3.7 给出贵州省冬季冻雨日数距平回归的前期夏季、秋季与同期冬季 SSTA 异常特
征,海温异常的演变在(A)热带印度洋(40°~110°E,35°S~25°N)、(B)热带中东太平洋(160°E~
70°W,15°S~15°N)、(C)西太平洋(120°~180°E,15°~30°N)、(D)北太平洋(140°E~120°W,
30°~60°N)和(E)热带大西洋(40°W~0°,20°S~10°N)五个关键区均表现出显著的特征,其演
变过程是:(A)关键区正 SSTA 逐渐"由正转负",其在夏、冬季较显著;(B)关键区负 SSTA 逐
渐增强,其秋、冬季较显著;(C)关键区正 SSTA 逐渐增强、并南移,其在秋、冬季较显著;(D)关
键区负 SSTA 逐渐减弱,其在夏、秋季较显著;(E)关键区正 SSTA 逐渐增强,其在冬季较显著
(白慧 等,2016)。

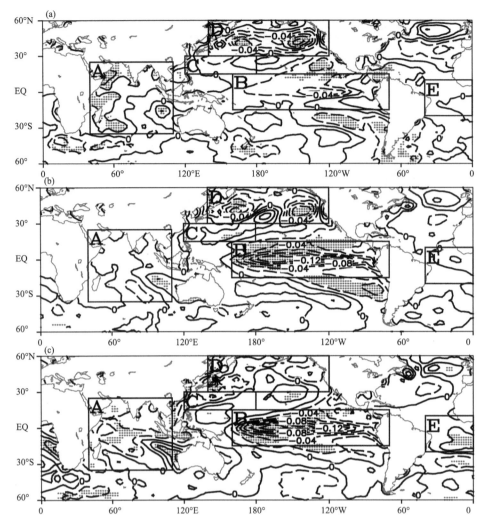

图 3.7　贵州省冬季平均冻雨日数距平回归的(a)前期夏季,(b)前期秋季和(c)
同期冬季 SST 距平场(圆点为回归系数通过 $\alpha=0.05$ 显著性水平检验)

3.3.2　冬季冻雨在 La Niña 年与 El Niño 年的环流信号

贵州省冻雨日数偏多(少)年,同期冬季海温异常分布型在(A)热带印度洋和(B)热带中东太平洋为显著的负(正)距平,西太平洋为显著的正(负)距平(图 3.8c),这与 La Niña(El Niño)年冬季海温距平的分布特征非常一致。为了更清楚地说明二者之间存在的联系,以下统计冻雨日数异常年与 ENSO 事件的对应关系,统计 1981—2013 年 El Niño/La Niña 年,El Niño 年分别是 1982 年、1986 年、1987 年、1991 年、1994 年、1997 年、2002 年、2004 年、2006 年和 2009 年;La Niña 年分别是 1983 年、1984 年、1988 年、1995 年、1998 年、1999 年、2000 年、2005 年、2007 年、2008 年、2010 年和 2011 年。La Niña 年中贵州省冬季冻雨日数偏多的年份占 7/12,其中冻雨日数超过一个标准差的年份(1983、1984、2007、2010 和 2011 年)均为 La Niña 年;El Niño 年中贵州省冬季冻雨日数偏少的年份占 7/10。由此可见,贵州省冬季冻雨日数与赤道太平洋海温异常有紧密联系。

　　图 3.8 给出了 La Niña 年与 El Niño 年合成的环流差异特征。海平面气压差值场(图 3.8a)和 500 hPa 位势高度差值场(图 3.8b)表明,欧亚中高纬地区均呈"北高南低"的异常环流形势,乌拉尔山至贝加尔湖地区为显著正距平,东亚沿岸为负距平,阿拉斯加湾为显著正距平,这种异常环流形势利于欧亚中高纬形成深厚的阻塞环流形势,经向环流加强,引导冷空气持续南下;中低纬印度洋和南海地区低值系统活跃利于 700 hPa 西南急流的形成和维持,加强了海洋的暖湿气流向我国南方地区的输送。贵州省范围沿纬度(25°～30°N)平均的高度—经度剖面图(图 3.8c)和沿经度(105°～110°E)平均的高度—纬度剖面图(图 3.8d),可以更清楚地看到,从东北路径南下的冷空气与西南路径北上的暖湿气流在贵州省交汇,冷空气下沉形成冷垫,暖湿空气沿冷空气向上爬升,在 700 hPa 附近呈"下冷湿—上暖干"稳定垂直层结,利于锋面逆温的形成和维持。这种高低空异常环流的配置对贵州省冻雨日数偏多有重要影响(李

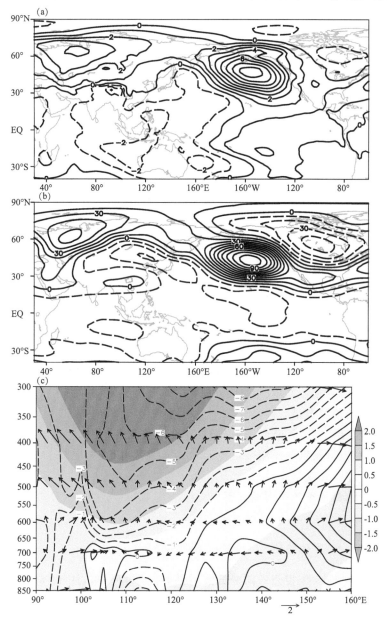

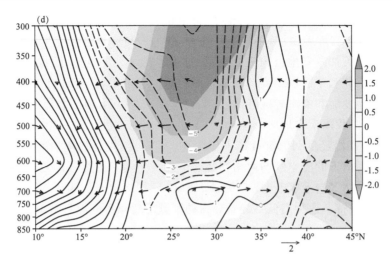

图 3.8 La Niña 年与 El Niño 年环流差值场

(a)海平面气压距平场(单位:hPa),(b)500 hPa 位势高度距平场(单位:gpm),(c)沿 25°～30°N 纬度平
均的高度—经度剖面图(阴影:气温,单位:℃;等值线:相对湿度(%),箭头:纬向风(单位:m/s)与垂直
风(-hPa/s×100)矢量场),(d)沿 105°～110°N 经度平均的高度—纬度剖面图(阴影:气温,单位:℃;
等值线:相对湿度(%);箭头:经向风(单位:m/s)与垂直风(-hPa/s×100)矢量场)

登文 等,2009;杜小玲 等,2012;李艳 等,2012)。

上述分析表明当赤道中东太平洋冬季出现 La Niña 事件时,海温异常通过海气相互作用对大气环流造成影响,有利于冬季欧亚中高纬地区形成稳定的异常阻塞环流形式,配合中低纬南支系统的异常活跃,造成贵州省冬季冻雨日数偏多,反之,冬季赤道中东太平洋海温异常偏暖有利于贵州省冬季冻雨日数偏少(白慧 等,2016)。

3.4 冬季冻雨的预测模型

在已有的研究中发现,影响雨凇强度的因子主要有中高纬度的阻塞高压、在中国江淮和其南方地区静止锋的维持以及在南支急流中的扰动活跃。例如,白慧等(2016)在研究中发现,从海平面气压场(Sea Level Pressure,下文简称 SLP)上发现冬季西伯利亚高压强度与冬季雨凇强度有很好的相关性,并且还发现赤道中东太平洋的海温异常的年际信号在贵州省冬季雨凇日数预测中有较好的预测效果。许丹等(2003)利用 1951—1996 年冬季凝冻指数研究发现,欧亚地区 500 hPa 高度距平场"北高南低"的分布型会对应贵州省冬季雨凇强度强,反之,"北低南高"的距平分布对应贵州省冬季雨凇强度弱。但是在贵州省实际预测业务工作中,以上部分结论或研究时段尚停留在较早年份、指标量化不够具体。本节在前人研究的基础上,利用最新资料进一步提炼归纳贵州省冬季雨凇灾害预测模型(本节用雨凇发生日数表征雨凇强度),且将模型指标量化。

3.4.1 冬季冻雨的年际变化特征

图 3.9 是 1961—2015 年贵州省雨凇日数距平时间序列分布,从 11 a 滑动平均值可以看出,20 世纪 60—80 年代距平值以正距平为主,表明在该时段内雨凇强度是较平均水平偏强,

而从 20 世纪 90 年代开始,距平值小于 0,并且一直呈现减小的趋势直至 21 世纪初。

观察图中雨凇距平时间序列发现,除上述特征外,近年来极端雨凇的事件较多,2000 年以后,有 3 个年份有较强的雨凇发生,分别是 2007 年、2010 年和 2011 年,分析这三年的强度,发现 2007 年冬季的雨凇强度是在研究时段的 55 年内强度最强的,2010 年和 2011 年的雨凇强度也超过一倍标准差较多,在时间序列包含的 55 年中,都进入雨凇强度排名前五;在雨凇整体偏弱的 21 世纪,总共发生 3 次较强的雨凇事件,都排至 55 年中雨凇强度前五,这说明雨凇强度虽然在减小,但是极端的事件出现的概率却有增无减,今后的预测中并不能忽视。

综上所述,不论是 11 a 滑动平均还是线性趋势,贵州省冬季雨凇都是呈现减弱趋势。为进一步构建贵州省冬季雨凇灾害预测模型,从图 3.9 中选取雨凇日数异常偏多或者异常偏少排名前 4 位的年份如下(均通过了 1 倍标准差±δ):研究时段内 1976 年、1983 年、2007 年和 2010 年为雨凇异常偏多年,1986 年、2000 年、2014 年和 2015 年为雨凇异常偏少年。将上述异常年大气环流场进行合成分析,探究雨凇异常年份的大气环流差异(张娇艳 等,2018)。

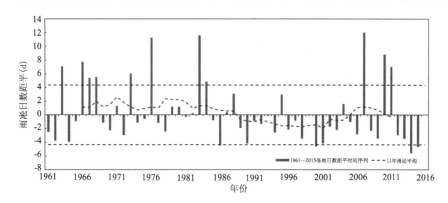

图 3.9　贵州省 1961—2015 年雨凇日数距平时间序列(柱状表示雨凇日数距平;
黑色虚折线表示距平的 11 a 滑动平均;黑色虚直线表示 1 倍标准差,单位:d)

3.4.2　北半球 500 hPa 月平均环流场

图 3.10 分别为雨凇强、弱年份的位势高度距平场的分布形势。从图 3.10a 可以看到,强雨凇年欧亚大陆中高纬地区距平表现为"北正南负"的分布形势,表现为萨彦岭—乌拉尔山一带的高压脊增强,东亚大槽加深,环流经向度大,高纬度地区的高度场为正距平,低纬度地区的高度场为负距平,西伯利亚—乌拉尔山地区形成的高压与寒潮关键区所在位置相吻合,高空呈现类似于 EU 正位相的分布,从而使得我国东部降温,大量冷空气在此积聚,最后南下入侵我国,会产生一次次的寒潮过程,有源源不断的冷空气沿着槽后脊前的西北气流输送到我国南方地区。这种配置使得形成雨凇的低温条件得到满足。而刘毓赟等(2013)在研究中也证实了,EU 正位相会使得东亚大槽加深,导致东亚冬季风偏强,东亚地区温度偏低。分析弱雨凇的年份距平场的合成时,发现其距平场的分布与强雨凇年的分布形势正好相反,呈现"北负南正"的距平分布,这种分布不会加深环流经向度,也不易产生大范围降温。综合分析后发现强/弱雨凇年合成场分别对应正/负(50°~70°N、40°~80°E)和负/正(20°~40°N、60°~100°E)的范围,将 500 hPa 异常场这两个区域定义为雨凇强弱关键区,且在强雨凇年关键区通过了 95% 的信度检验,可信度更高(张娇艳 等,2018)。

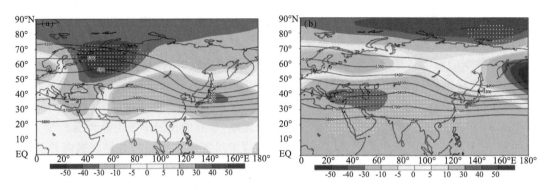

图 3.10　冬季 500 hPa 位势高度合成场(a)强雨凇年,(b)弱雨凇年
(等值线:原始场;填色图:距平场;单位:m)圆点为通过了 95% 信度检验

3.4.3　北半球海平面气压场(SLP)月平均环流场

图 3.11 是 SLP 的合成分析结果。分析发现,在强雨凇年时(图 3.11a),SLP 场上发现西伯利亚高压偏强,面积偏大,且东扩南伸。在蓝柳茹等(2016)的研究中指出,这一现象是由于同期 500 hPa 高度场的异常分布类似 EU 正位相(乌拉尔山地区高度场异常偏高)以及增强型的欧亚脊促使西伯利亚高压得以发展。从距平场上来看,主要的正距平区域与 500 hPa 高度场上的正距平区相近,但面积更大,覆盖整个西伯利亚地区。这种大范围的正异常会使得西伯利亚高压进一步加强扩张、导致冷空气更容易南下。相比较而言,在雨凇强度弱年时(图 3.11b),与上述位相相反,西伯利亚高压偏弱、面积偏小,向北收缩,同期 500 hPa 高度场的异常分布类似 EU 负位相的配置。从距平场分析得知,西伯利亚的乌拉尔山地区 SLP 呈负异常分布,不利于西伯利亚高压的加深与维持,进而不利于冷空气南下。相比于西伯利亚高压的强度与面积,雨凇强弱年 SLP 异常场的特征更便于辨认和判断,强/弱雨凇年合成场分别对应正/负 SLP 异常场($45°\sim65°$N,$40°\sim80°$E),SLP 异常场这个区域将作为确定雨凇强弱的另一个关键区,且在强、弱雨凇年关键区均通过了 95% 的信度检验(张娇艳 等,2018)。

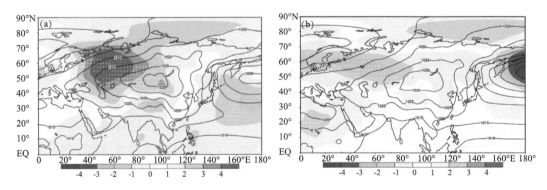

图 3.11　冬季海平面气压场(SLP)合成场(a)强雨凇年,(b)弱雨凇年
(等值线:原始场;填色图:距平场;单位:hPa)圆点为通过了 95% 信度检验

3.4.4　北大西洋海温异常对冬季雨凇的影响

根据上述分析以及多年业务经验总结,过去的预报因子主要着眼于 500 hPa 高度场的分布型以及 SLP。而中高纬度海洋可通过上下游效应影响中国气候。影响中国冬季冷空气活动的三大冷空气源地都在中高纬度。北大西洋是三大冷空气源地中的一员,该海域的异常海温可影响北半球大气行星尺度环流,从而影响东亚气候,对中国气候的变化也存在直接和间接的关系。曲巧娜等(2012)在研究中发现,12 月北大西洋海温异常(Sea Surface Temperature Anomaly,简称 SSTA)通过影响中东急流,出口区北侧运动影响 500 hPa 中亚低槽的运动,进一步影响西南地区冬季覆冰强度。王玥彤(2017)在研究中发现前期秋季北大西洋海温对西南地区冬季冻雨强度有一定影响。

本研究中发现,前期秋季北大西洋海温异常与贵州省冬季雨凇有一定的相关关系,北大西洋海温异常与贵州省冬季雨凇距平时间序列有很好的相关性(图 3.12)。主要关键区在北大西洋 25°～35°N,60°～40°W,呈显著的负相关关系。说明当北大西洋该关键区海温异常偏低(高)时,对应贵州省冬季雨凇强度偏强(弱)。因此将该指标运用到冬季气候预测业务中能够在一定程度上提高预测准确性。

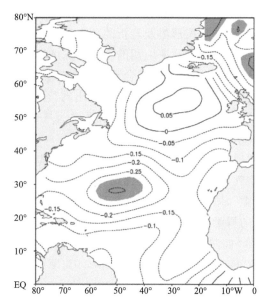

图 3.12　前期秋季北大西洋海温异常与贵州省雨凇距平序列相关分布图
(红色区域为通过了 95％信度检验)

本小节利用 1961—2015 年贵州省逐日雨凇观测资料,NCEP/NCAR 海平面气压场和 500 hPa 高度场逐月再分析资料,以及 NOAA ERSSTV4 逐月海表温度资料,初步构建了贵州省冬季雨凇灾害预测模型。模型主要量化为以下指标:雨凇灾害偏强/弱时,对应 500 hPa 位势高度异常场正/负(50°～70°N、40°～80°E)和负/正(20°～40°N、60°～100°E),对应海平面气压异常场正/负(45°～65°N、40°～80°E),对应前期秋季北大西洋关键区(25°～35°N,60°～40°W)的海表温度异常为负/正异常。且强雨凇年时,该模型的可信度更高(张娇艳等,2018)。

第 4 章

贵州省延伸期强降水过程低频预测模型

2008 年 1 月 10 日至 2 月 2 日中国南方发生了持续 24 d 的低温雨雪冰冻事件,造成超过 1 亿人口受灾,死亡 129 人,1100 多万公顷农作物受灾,直接经济损失超过 1500 亿元。对这次低温雨雪冰冻事件,学者们从不同角度进行诊断分析,同时也引发了思考,为做好防灾减灾及相关决策服务,须给出准确的延伸期(即 11~30 d)预报。因此如何提高 11~30 d 延伸期预报的准确率是近十年来亟待解决的前沿科学问题。世界气象组织(WMO)下属的世界天气研究计划和世界气候研究计划于 2013 年联合发起了次季节到季节(S2S)预测计划;欧洲中期天气预报中心计划在 10 年内将大尺度环流形势及转折的预报时效提升至超前 4 周;美国国家科学院计划在 10 年内将次季节至季节尺度预测应用的广度和深度提升至目前天气预报的水平;美国国家海洋大气局计划在已有的北美多模式集合预报系统基础上发展次季节到年际尺度的预报系统,并提供未来 3~4 周的预报服务;中国气象局提出的"全面推进气象现代化行动计划"和"智能网格预报行动计划"中明确提出将气象要素和重要天气过程的延伸期预报列为重要任务和着力攻关的关键核心技术(章大全 等,2019)。

目前气象部门开展的常规预报预测业务有短临预报、12~72 h 天气预报、4~10 d 中短期天气预报和月尺度以上短期气候预测业务。延伸期(11~30 d)在时间尺度上是"天气"预报和"气候"预测衔接的"时间缝隙",增加这一业务就实现了天气气候无缝隙对接。

目前,针对延伸期预报的科学研究和业务开展基本可分为如下两大类。一类是从一些潜在的可预报源寻找预报信号,如热带低频振荡(Madden-Julian Oscillation,MJO)(Robertson et al,2015;Wheeler et al,2004),ENSO(Ashok et al,2007;袁媛 等,2015;陈丽娟 等,2016)、平流层与对流层相互作用(Baldwin et al,2003;Thompson et al,2002;Lehtonen et al,2016)、土壤湿度(Vinnikov et al,1991;Entin et al,2000)、积雪(Yang et al,2001;Jeong et al,2013;Orsolini et al,2013)以及热带-热带外遥相关(Frederiksen et al,2013;Wang et al,2016;Stan et al,2017)等。贵州省地处中低纬山区,结合地理位置特点,预报信号常常使用大气季节内(30~60 d)振荡(Intra-seasonal Oscillation,ISO),它对中高纬度次季节气候变率有着重要的影响。通过贵州省主汛期 ISO 位相划分探究热带季节内振荡对贵州省主汛期降水的影响,并通过 MJO 活动轨迹开展贵州省强降水过程预报试验。另一类是大量的数值模式(Li et al,2015;Liu et al,2015)和预报方法的广泛应用。其中基于物理统计的延伸期预报方法近年来取得了较好的预报效果(金荣花 等,2010;何金海 等,2013),故贵州省也积极开展了相关工作,即低频图在贵州省汛期延伸期强降水预报中的应用。

4.1　主汛期季节内振荡特征

ISO 是重要的大气环流系统之一,其活动规律可以为延伸期预报提供预报信号,是有效的预报方法之一(Waliser et al,2003;丁一汇 等,2010)。已有研究表明热带大气季节内振荡与夏季我国南方旱涝相关,其能够激发孟加拉湾西南季风和南海夏季风,从而影响主雨带的分布(Yang et al,2003;林爱兰 等,2005;李汀 等,2013)。贵州省地处青藏高原东南侧的云贵高原北部,在夏季风盛行期间同样受西南季风和东南季风的共同作用,ISO 的不同位相(活动中心位置)和强度都能够通过激发孟加拉湾西南季风和南海夏季风对该地区的降水产生影响。

4.1.1　年际变化特征

1979—2012 年贵州省主汛期(5—10 月)降水量距平百分率与贵州地区平均(103.5°～109.5°E,24°～29°N)OLR 距平相关关系高达−0.816,超过 99％置信度,且对流降水主要集中在贵州省中部和西北部,说明贵州省主汛期降水中对流降水占主要贡献,且主要影响贵州省中部与西北部。图 4.1 给出了 1979—2012 年贵州省 6—8 月 OLR 进行小波分析结果,结果表明贵州省主汛期 OLR 以 10～20 d 准双周振荡与 30～60 d 季节内振荡为主,其中季节内振荡占主要部分,其通过了 95％信度检验(等值线为 95％信度检验,黑曲线为红噪声,橘色虚线为95％信度检验),说明季节内振荡的对流活动对贵州省主汛期降水占主要贡献。

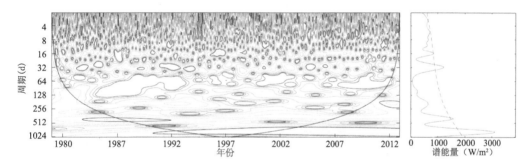

图 4.1　1979—2012 年贵州省主汛期区域 OLR 小波分析图

将 OLR 进行了 30～60 d 的滤波之后再与贵州省主汛期降水量距平百分率做相关,其相关系数为−0.781(图 4.2)。图 4.3 给出相关系数的空间分布,空间分布表明贵州省主汛期降水与季节内振荡的对流活动相关性较好,大值区主要分布在贵州省中东部。因此,研究季节内振荡对提高贵州省主汛期降水预报准确率可以提供一定的参考。

将逐日 OLR 进行 30～60 d 带通滤波后的区域(103.5°～109.5°E,24°～29°N)平均值与逐年平均做距平,并将该距平值在 6—8 月的绝对值平均定义为贵州省主汛期 ISO 强度。将该 ISO 强度与多年强度平均做距平之后得到贵州省主汛期 ISO 强度距平,将 ISO 的强度值取1.2 倍标准差(即 3.5)作为划分季节内振荡活跃与否标准,即强度距平高于 3.5 定义为贵州主汛期 ISO 活跃年,强度距平低于−3.5 定义为贵州主汛期 ISO 不活跃年。如图 4.4 所示,贵州省主汛期 ISO 活跃年分别为 1988 年、1991 年、1995 年、1999 年和 2002 年,而不活跃年分别为1983 年、1984 年和 1996 年。

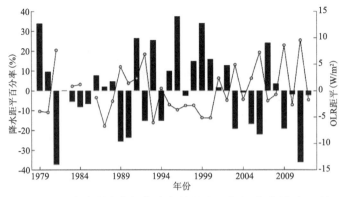

图 4.2　1979—2012 年贵州省主汛期降水量距平百分率（柱状图）与区域 30～60 d
滤波 OLR 距平（折线图）的相关序列

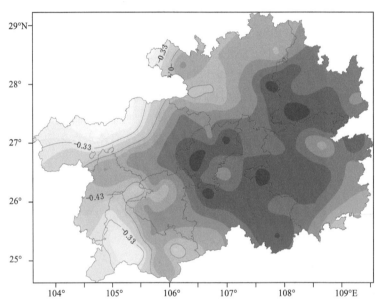

图 4.3　1979—2012 年贵州省主汛期降水量距平百分率与区域 30～60 d
滤波 OLR 距平的相关系数区域分布图

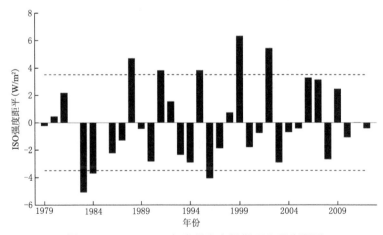

图 4.4　1979—2012 年贵州省主汛期 ISO 强度距平

图 4.5 给出了典型 ISO 活跃年和不活跃年 ISO 的 6—8 月波动。可以看出 ISO 活跃年 ISO 距平振幅较大,强度较强,而 ISO 不活跃年 ISO 距平振幅较小,强度较弱。从总体上来说,ISO 活跃年 6—8 月一般存在 2~2.5 个波动,但位相不尽相同,且波动周期不大规律;ISO 不活跃年波动很不明显,振幅小强度弱,波动周期不规律。

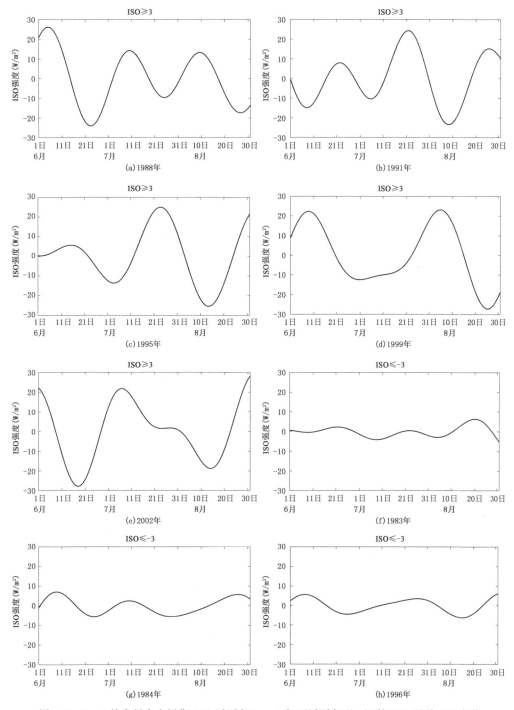

图 4.5　6—8 月贵州省主汛期 ISO 活跃年(a~e)与不活跃年(f~h)的 ISO 距平逐日变化

　　图 4.6 给出了 1979—2012 年贵州省主汛期 ISO 在活跃年、不活跃年和 34 年平均的强度距平图。由图可以看出,贵州省主汛期在 ISO 活跃年时,在 6—7 月上旬为一次正位相的波动,而 7月中旬到 8 月底为第二次正位相的波动;在 ISO 不活跃年,总体 ISO 强度大幅降低,但仍能看出6—7 月上旬为一次正位相的波动,7 月下旬到 8 月底为一次负位相的波动。因此,ISO 在活跃年与不活跃年中存在一定的位相差,导致气候平均下的 ISO 振幅更小,周期也更不明显。

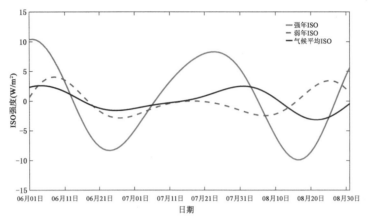

图 4.6　1979—2012 年 6—8 月贵州省主汛期 ISO 逐日变化

　　由此可见,季节内振荡的对流活动对贵州省主汛期降水占主要贡献。在 ISO 活跃年,ISO的振幅大,6—7 月上旬为一次正位相波动,7 月中旬至 8 月底为第二次正位相波动;在 ISO 不活跃年,ISO 振幅较小,6—7 月上旬为一次正位相波动,7 月下旬到 8 月底为一次负位相波动。

4.1.2　传播特征

　　图 4.7 给出了主汛期 ISO 活跃年与不活跃年贵州省区域内 ISO 的经度—时间剖面图,由图中可以看出,在 ISO 活跃年,贵州省所在纬度范围内有两次较强的 ISO 西传过程。6—7 月上旬从副热带西太平洋向西传播到孟加拉湾北部,7 月下旬至 8 月从副热带西太平洋向西传播到孟加拉湾西北部,激发南海夏季风从而影响降水,这两次过程分别在 6 月下旬和 8 月中旬经过贵州省所在经度范围(103°～109°E),使得贵州省在这两个时间段内处于 ISO 活跃年的负位相阶段,这与图 4.5 的分析结果相一致。

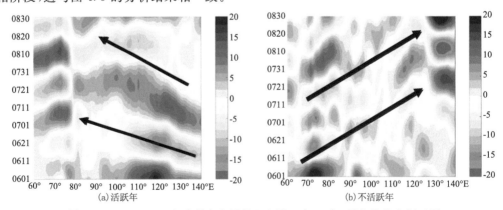

图 4.7　1979—2012 年贵州省主汛期 ISO 沿 24°～29°N 平均的纬向剖面图

而在 ISO 不活跃年,贵州省所在纬度范围内有两次较弱的 ISO 东传过程,6—7月下旬从阿拉伯海北部向东传播到副热带西太平洋,7月中旬至8月底从阿拉伯海北部传播到副热带西太平洋,激发孟加拉湾西南季风,这两次过程分别在6月下旬和8月上旬经过贵州所在经度范围,两次波动的强度都很弱,贵州省在这两个时间段内分别处于正位相 ISO 波动的负位相阶段和负位相 ISO 波动的负位相阶段,这与图 4.5 的分析结果也是一致的。同时也可以看出,ISO 活跃年时,ISO 强度较强,过程连续且西传,而 ISO 不活跃年时,ISO 强度较低,过程不连续且东传。肖子牛和温敏(1999)发现西南季风能够影响西南雨季的开始和强度,西南季风的建立和推进受到大气季节内振荡的影响,李汀和琚建华(2013)发现云南 ISO 在主汛期可以通过激发南海夏季风和孟加拉湾西南季风从而影响到云南降水,经过对比发现,贵州省 ISO 传播路径与云南省 ISO 传播路径有相似之处,说明云南省与贵州省都受到西南季风与南海夏季风的影响,且 ISO 可以通过激发这两者从而影响到西南降水。

因此可以看出,在 ISO 活跃年与不活跃年时,ISO 影响贵州省的传播路径是不同的。在 ISO 活跃年,ISO 从副热带西太平洋向西传播影响贵州省主汛期降水,因此南海夏季风在 ISO 活跃年能够加强贵州省主汛期低频对流活动。而在 ISO 不活跃年,ISO 从阿拉伯海北部向东传播影响贵州省主汛期降水,可以看出西南季风在 ISO 不活跃年能够加强贵州省主汛期低频对流活动。

4.2　热带季节内振荡对贵州省主汛期降水的影响

利用 Butterworth 函数滤波器对 OLR 逐日资料进行 30～60 d 的带通滤波处理,提取出季节内振荡频率的波动;利用小波分析方法对 ISO 活动的逐日波动特征进行显著周期提取;利用合成分析、相关性分析及相应信度检验等统计学方法对 ISO 的活动和传播进行大气低频振荡研究,探究其对贵州省主汛期降水的影响。

ISO 强度及 ISO 强度距平的计算方法:先对研究区域(贵州区域:102.5°～110.0°E,25°～30°N;印度洋(IO)关键区:65°～75°E,10°～15°N;南海(SCS)关键区:110°～120°E,10°～20°N)的逐日 OLR 进行 30～60 d 带通滤波后的区域平均值与历年气候平均值计算距平得到逐日 ISO 强度,再将该距平值在指定时段(主汛期 6—8 月)的绝对值计算平均定义为 ISO 强度,最后将该 ISO 强度与历年气候平均值计算距平之后得到 ISO 强度距平。本节选取贵州省主汛期的 ISO 强度距平的 1.0 倍标准差作为划分 ISO 活动典型年的阈值,即选取 1982 年、1991年、1995 年、1999 年、2002 年、2006 年、2007 年、2009 年和 2018 年共 9 年为贵州省主汛期 ISO 活跃年;1983 年、1990 年、1996 年、2001 年和 2015 年共 5 年为贵州省主汛期 ISO 不活跃年(图略)。与 4.1 节 ISO 典型年不一致,可能与 OLR 的气候平均时段、空间分辨率以及选取 ISO 活动典型年的阈值不同有关。

4.2.1　贵州省主汛期 ISO 位相划分

为了进一步分析贵州省主汛期 ISO 不同演变阶段对应的大气低频活动特征和降水异常分布特征,将 1981—2010 年贵州省主汛期逐日 ISO 强度分别先计算逐年 ISO 强度的平均再计算逐日绝对值的平均得 1.34,以及先计算逐日 ISO 强度绝对值的平均再计算逐年平均得 6.63,分别作为划分贵州省主汛期 ISO 活动位相的阈值。将逐日 ISO 强度<1.34 定义为弱位

相,不计算其天数,将 ISO 强度=±6.63 作为标准临界阈值划分贵州省主汛期 ISO 活动位相。如图 4.8 所示,第 1 位相为 ISO 减弱位相,第 2 位相为 ISO 峰值位相,第 3 位相为 ISO 减弱位相,第 4 位相为 ISO 抑制位相,第 5 位相为 ISO 谷值位相,第 6 位相为 ISO 恢复位相。

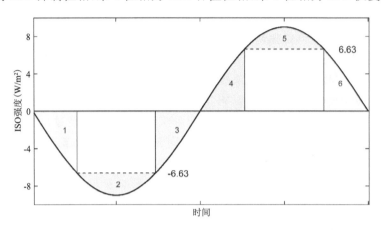

图 4.8　贵州省主汛期 ISO 位相划分示意图

4.2.2　低频 OLR 场和降水异常特征

对 1981—2018 年贵州省主汛期 ISO 活跃年中逐日 ISO 波动各位相上对应的低频 OLR 场和降水进行合成分析(图 4.9)。从图 4.8 中可看出,第 1 位相时(ISO 发展位相),贵州省上空至副热带西太平洋为弱的低频对流控制区,贵州省大部地区降水偏多,尤其在东部地区;阿拉伯海北部至菲律宾群岛以东的热带西太平洋区域为低频对流抑制区,低频 OLR 正距平中心位于孟加拉湾西部。同时,赤道印度洋上已经出现低频对流区。第 2 位相时(ISO 峰值位相),20°~30°N 副热带的低频对流区加强并西传到孟加拉湾以北地区,低频对流中心位于贵州省,全省地区降水一致偏多,降水正异常中心由东部向中部地区移动;赤道印度洋的低频对流区开始北移到阿拉伯海南部至孟加拉湾南部;第 1 位相中低频对流抑制区减弱并向东方向移到南海至西太平洋一带。第 3 位相时(ISO 减弱位相),20°~30°N 副热带的低频对流中心减弱,并向西南方向移动,贵州省降水正异常中心减弱并继续西移;从热带印度洋北传的低频对流主体已经到达阿拉伯海东部至孟加拉湾西部;上述两股低频对流在孟加拉湾北部交汇。第 4 位相时(ISO 抑制位相),从赤道印度洋发展的低频对流继续向东和向北移动,低频对流中心分别位于阿拉伯海东北部、孟加拉湾北部、菲律宾以东的西太平洋海域;20°~30°N 副热带则转为低频对流抑制区,贵州省为弱的低频对流抑制区,全省大部降水偏少,尤其在中部以南以东地区。第 5 位相时(ISO 谷值位相),孟加拉湾低频对流区有所减弱,但继续向北和向东移动,南海至菲律宾以东的西太平洋为低频对流区控制;阿拉伯海和孟加拉湾的低频对流减弱北移;20°~30°N 副热带的低频对流抑制区继续加强西传,低频对流抑制区中心位于贵州地区,贵州省降水一致偏少,降水负异常中心位于中部一线、强度加大。第 6 位相时(ISO 恢复位相),20°~30°N 副热带的低频对流抑制区继续西传、但强度减弱,贵州省大部地区降水由负异常转为正异常;南海地区的低频对流继续减弱,北移到华南至副热带西太平洋(接下一个周期的第 1 位相并将开始西传);阿拉伯海至热带西太平洋副热带海域为低频对流抑制区;同时在赤道印度洋再次出现弱的低频对流区(接下一个周期的第 1 位相并将继续发展北传)。

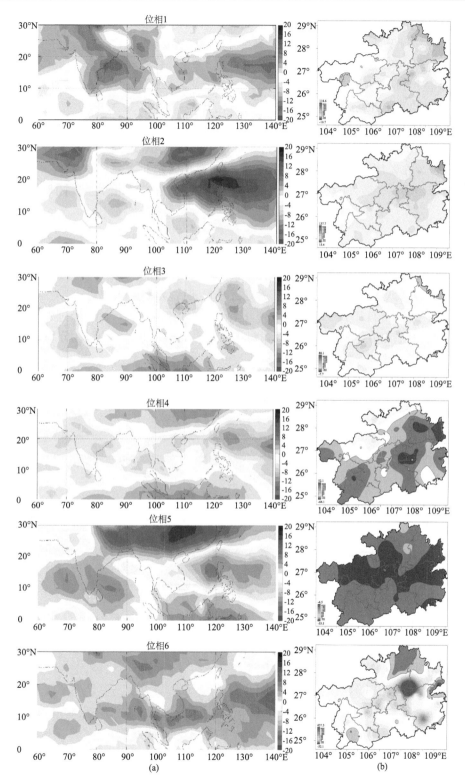

图 4.9　1981—2018 年贵州省主汛期 ISO 活跃年 1～6 位相低频 OLR（单位：W/m²）
（a）和降水量距平百分率（单位：%）（b）空间分布图

通过上述分析,在贵州省主汛期 ISO 活跃年份,低频 OLR 场在贵州省 ISO 波动的 1 和 4 位相、2 和 5 位相以及 3 和 6 位相均呈反位相特征。同时,贵州地区的降水与低频对流有着较好的相关关系,在第 2 位相(ISO 峰值位相)时低频对流最强、降水正异常强度最强;在第 5 位相(ISO 谷值位相)时低频对流最弱、降水负异常强度最强。因为热带印度洋低频对流发展过程中,一条路径沿孟加拉湾西部向西南至东北方向传播,激发了孟加拉湾西南季风 ISO 活跃并向贵州继续传播,为贵州省带来充足的水汽输送;另一条路径沿孟加拉湾东传到南海,激发了南海热带季风 ISO 活跃并向中国东部副热带地区北传,在副热带地区再向贵州西传,越过我国西南地区后在孟加拉湾以北地区与沿孟加拉湾西部向东北方向传来的低频对流交汇,即两条低频对流传播路径激发的西南季风和南海季风共同影响了贵州省主汛期降水。

4.2.3　热带印度洋 ISO 对贵州省主汛期 ISO 的影响

由图 4.9,选取印度洋(IO)(65.0°~75.0°E,10°~15°N)和南海(SCS)(110.0°~120.0°E,10°~20°N)区域作为向贵州省传播 ISO 的两个低频对流路径的关键区。如图 4.10 所示,在贵州省主汛期 ISO 活跃年,IO 关键区、SCS 关键区与贵州区域低频 OLR 的逐日变化可以看出,热带印度洋在 4 月中旬、5 月下旬和 6 月中、下旬有 3 次低频对流活跃期,经过 15 d 左右,对应南海在 4 月底、5 月底和 6 月底有 3 次低频对流活跃期,再经过 30 d 左右,分别对应贵州省 6 月初、7 月初和 8 月初的三次低频对流活跃期。

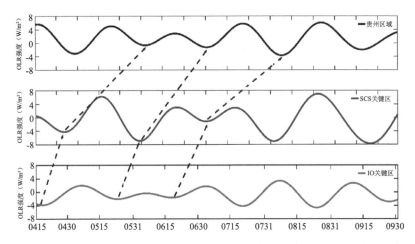

图 4.10　1981—2018 年贵州主汛期 ISO 活跃年的贵州区域(上,黑线)、南海关键区(中,蓝线)和印度洋关键区(下,红线)低频 OLR 逐日变化

为了更清楚看到热带印度洋 ISO 对贵州省主汛期 ISO 的影响路径,图 4.11 给出 1981—2018 年贵州省主汛期 ISO 活跃年 6—8 月 IO 关键区、SCS 关键区与贵州低频 OLR 的滞后相关系数。其中,IO 关键区与贵州区域低频 OLR 的次大滞后相关发生在−50 d,SCS 关键区与贵州区域低频 OLR 的次大滞后相关发生在−35 d。相关系数分别为 0.37 和 0.41,均通过了 95％信度检验。由于 IO 关键区与 SCS 关键区低频 OLR 的次大滞后相关发生在−17 d(图略),表明在贵州省主汛期 ISO 活跃年,热带印度洋 ISO 经过 17 d 东传至南海、再经过 35 d 南海 ISO 北传和西传至贵州区域,这一时间周期(52 d)正好和 IO 关键区与贵州区域低频 OLR 的次大滞后相关发生的周期(50 d)较为吻合。注意到,图 4.11 中 IO 关键区与贵州区域低频

OLR 的最大滞后相关发生在 −18 d,滞后相关系数为 0.92(通过了 95% 信度检验),即 IO 关键区 ISO 经过 18 d 传播到贵州区域,这可能与贵州区域 ISO 自身周期 30 d 左右有关(图略)。

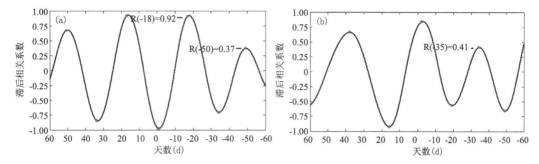

图 4.11 　1981—2018 年贵州省主汛期 ISO 活跃年的 IO 关键区(a)、SCS 关键区(b)
与贵州区域逐日低频 OLR 的滞后相关系数(正值表示超前;零表示同期;负值表示滞后)

4.3 　MJO 活动轨迹对贵州省强降水过程延伸期预报的影响

4.3.1 　MJO 活动中心强度对贵州区域强降水的影响

在上节的研究中,发现热带印度洋关键区 ISO 对贵州省主汛期 ISO 的影响主要通过沿孟加拉湾西部向西南至东北方向至贵州区域和沿孟加拉湾东传到南海、继而北传至中国东部副热带地区、在副热带地区再向贵州西传的两条传播路径。以下分析将着重讨论热带印度洋具有纬向东传特征的 ISO 活动中心轨迹对贵州省主汛期区域强降水,即 MJO 活动中心轨迹对贵州省主汛期区域强降水的影响。

根据《贵州省区域强降水过程监测技术规定(试行)》,本节定义全省 84 个监测站点中,有 10 站(及以上)日降水量(20—20 时)达 25.0 mm 以上时,称为一个强降水日。连续 2 个或 2 个以上的强降水日为一次强降水过程(其中连续 2 个强降水日后中间允许间断 1 d,且间断期间至少有 1 个站日降水量大于等于 25.0 mm);如果过程持续间断 1 d 以上或未有站点降水量达到 25.0 mm 则过程结束。出现区域强降水过程的第一个强降水日,称为区域强降水开始日。区域强降水过程持续间断 1 d 以上或未有站点降水量达到 25.0 mm 的前一日,称为区域强降水结束日。区域强降水开始日到结束日之间的日数称为过程持续时间。

参照上述监测技术规定(试行),挑选出 1981 年 1 月 1 日至 2018 年 12 月 31 日主汛期(6 月 1 日至 8 月 31 日)时段内贵州省典型区域强降水过程(过程持续时间≥5 d)15 次(表 4.1)。

表 4.1 　1981—2018 年雨季贵州省典型区域强降水过程统计

序号	开始日期(年-月-日)	结束日期(年-月-日)	持续天数(d)	雨强(mm)
1	1982-08-05	1982-08-11	7	43.1
2	1984-08-11	1984-08-15	5	38.8
3	1988-08-25	1988-08-29	5	41.3
4	1990-06-20	1990-06-24	5	43.4
5	1991-07-01	1991-07-12	12	58.0

续表

序号	开始日期(年-月-日)	结束日期(年-月-日)	持续天数(d)	雨强(mm)
6	1993-06-17	1993-06-22	6	50.5
7	1993-07-19	1993-07-23	5	49.3
8	1995-06-22	1995-06-26	5	55.4
9	1996-07-13	1996-07-20	8	53.4
10	1999-06-26	1999-07-02	7	54.7
11	2000-06-19	2000-06-25	7	59.2
12	2007-07-22	2007-07-26	5	53.7
13	2012-07-15	2012-07-19	5	44.6
14	2017-06-22	2017-07-01	10	47.4
15	2018-06-20	2018-06-24	5	50.5

对 15 次区域强降水过程逐日降水量与表征 MJO 活动强度的同期及前期 RMM 指数做滑动相关(图 4.12),发现 RMM 强度与降水的相关型从提前 20 d 到同期时段呈单峰型特征,在提前 9 d 时二者相关性最大,达 90% 的信度检验,在提前 15 d 和提前 2 d 时,相关系数由负转正和由正转负。表明在贵州省发生区域强降水过程前 3~9 d,MJO 活动的强度越强,降水量越多,随后相关性逐步减弱、并转为负相关。

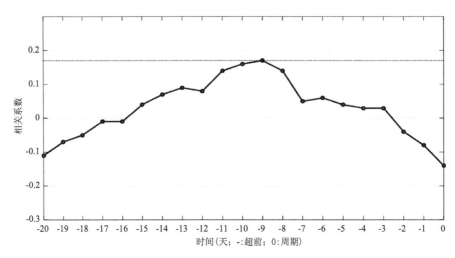

图 4.12　1981—2018 年 15 次区域强降水过程逐日降水量与同期及前期 RMM 指数的滑动相关系数

4.3.2　MJO 活动中心轨迹对贵州区域强降水延伸期预报试验

通过上述相关性分析,发现 MJO 强度提前 10 d 左右与区域强降水量的正相关性最好,因此,对于 1981—2018 年贵州省 15 次区域强降水过程,选取各过程时段提前 10 d 的逐日 MJO 演变情况,采用最小二乘法计算得到相同天数任意相似时段,找到 MJO 活动轨迹和强度相似过程的起止时间(表 4.2)。

表 4.2　1981—2018 年雨季贵州省典型区域强降水过程统计

序号	开始日期 (年-月-日)	结束日期 (年-月-日)	持续时间(d)	相似过程开始日期 (年-月-日)	相似过程结束日期 (年-月-日)
1	1982-08-05	1982-08-11	7	1981-09-04	1981-09-10
2	1984-08-11	1984-08-15	5	1982-09-06	1982-09-10
3	1988-08-25	1988-08-29	5	1980-07-31	1980-08-04
4	1990-06-20	1990-06-24	5	1982-06-24	1982-06-28
5	1991-07-01	1991-07-12	12	1980-07-19	1980-07-30
6	1993-06-17	1993-06-22	6	1979-07-07	1979-07-12
7	1993-07-19	1993-07-23	5	1984-07-16	1984-07-20
8	1995-06-22	1995-06-26	5	1980-05-30	1980-06-03
9	1996-07-13	1996-07-20	8	1979-08-02	1979-08-09
10	1999-06-26	1999-07-02	7	1993-06-18	1993-06-24
11	2000-06-19	2000-06-25	7	1989-06-27	1989-07-03
12	2007-07-22	2007-07-26	5	2001-07-24	2001-07-28
13	2012-07-15	2012-07-19	5	2003-07-15	2003-07-19
14	2017-06-22	2017-07-01	10	2007-06-04	2007-06-13
15	2018-06-20	2018-06-24	5	1992-07-02	1992-07-06

在 15 次区域强降水过程中通过对比提前 10 d 的 MJO 活动轨迹和强度最相似时段,发现有 9 次过程(60%)与相似过程降水量一致地异常偏多,并且降水量大值中心也基本对应,表明 MJO 活动中心轨迹和强度对贵州区域强降水异常具有较好的预报性,同时对降水偏多的中心位置也具有一定的可预报性(图略)。

4.4　低频图在贵州省汛期延伸期强降水预报中的应用

4.4.1　强降水过程低频预测模型的低频关键区

孙国武等(2008)首次提出用低频图方法开展延伸期过程预测,并在业务中进行推广(信飞等,2008;孙国武 等,2013),目前该方法作为延伸期预测的主要方法在部分省市地区进行业务应用(蒋薇 等,2011;胡春丽 等,2013;孙昭萱 等,2016)。要通过低频图方面建立预测模型,首先要确定其模型的低频关键区。

将贵州省 1/3 以上台站(即 26 站以上)日降水量大于等于 25 mm(大雨量级)的降水过程定义为一次区域性强降水过程。按照这一规定,统计出近 5 年(2011—2015)共计 59 次区域性强降水过程。研究表明低频天气系统具有 30～50 d 的周期性(孙国武 等,2010),以及生成源地的地理依赖性、传播路径的相似性和时间连续性,故利用低频天气图方法比常规天气图方法时效更长,可以间接追踪天气系统的生成、消亡和演变。因此对近 5 年逐日的 500 hPa 风场(u,v)进行 30～50 d 规定的带通滤波,提取该 59 次区域性强降水过程日对应的低频流场图,通过 EOF 方法对其进行经验正交分解,获取滤波后的低频天气系统的环流配置的主要模态。

从表 4.3 可以看出,前 3 个模态的方差贡献率分别为 18.6%、15.7%、10.2%,其累积方差贡献率为 44.4%,前 10 个模态的累积方差贡献率为 79.4%。表明前 10 个模态低频系统的配置基本可以反映强降水过程发生时的环流形势分布特征。区域性强降水过程的低频流场 EOF 第一模态(图 4.13a)可以看出,在贝加尔湖以东有一强盛的反气旋环流,日本海以东的洋面上有一气旋环流,其西侧的偏北气流和反气旋环流东侧的偏北气流在日本海至河套地区形成一横槽,不断引导冷空气南下,而在南海上空存在一气旋环流,孟加拉湾上空有一反气旋环流,其不断引导暖湿气流北上,在长江以南一带形成冷暖气流交汇,导致贵州地区出现强降水过程。区域性强降水过程的低频流场 EOF 第二模态(图 4.13b)可以看出,在我国华北地区至西南地区东部有两个气旋环流,其西侧的偏北风不断引导冷空气南下,西太平洋附近的洋面上存在一反气旋环流,其西侧的偏南风不断引导暖湿气流北上,另一方面,孟加拉湾气旋东侧的偏南风不断引导暖湿气流向北输送,在贵州地区辐合产生强降水过程。区域性强降水过程的低频流场 EOF 第三模态可以看出(图 4.13c),在贝加尔湖以东和以西分别存在一个气旋性环流和一个反气旋性环流,不断引导冷空气南下,而在西太平洋附近的洋面上存在一反气旋环流,其西侧的偏南风不断引导暖湿气流北上,孟加拉湾上空气旋东侧的偏南风不断引导暖湿气流北上,同时在我国中部存在一个气旋性环流,冷暖气流在西南地区东部形成交汇,导致贵州地区出现区域性强降水过程,这些环流分布特征和第二模态基本相似。

表 4.3　贵州省区域性强降水过程的低频流场前十个特征向量方差贡献率(单位:%)

模态序号	1	2	3	4	5	6	7	8	9	10
方差贡献	18.6	15.7	10.2	8	7.4	5.9	4.1	3.7	3.1	2.8
累积方差贡献	18.6	34.3	44.5	52.5	59.9	65.8	69.9	73.6	76.7	79.5

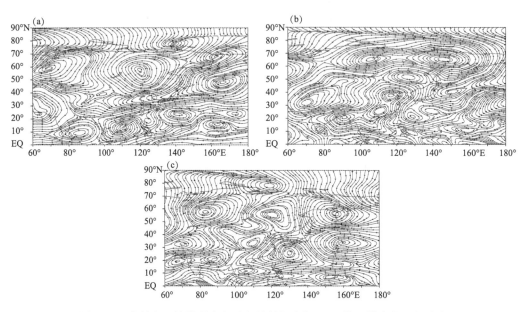

图 4.13　贵州省区域性强降水过程的低频流场 EOF 前 3 模态的空间分布

由于 EOF 前 10 个模态低频系统的配置基本可以反映贵州省强降水过程发生时的环流形势分布形势,因此对前 10 个模态的低频系统的空间分布进行统计分析。从图 4.14 可以看出,低频系统在密集程度上表现为中高纬度地区疏散,而在低纬度地区尤其是海洋区域密集,表明低频系统具有自北向南逐渐活跃的分布特征,其中西太平洋(10°～40°N,120°～140°E)、中国南海(0°～25°N,100°～120°E)和孟加拉湾(0°～25°N,70°～100°E)的洋面上最为密集,这几个区域也是影响贵州地区降水的水汽来源地。位于中高纬地区的低频系统虽较低纬地区的稀疏,但贝加尔湖以东(40°～70°N,110°～150°E)和以西(40°～70°N,80°～110°E)的两个区域还是相对较为密集,这是影响贵州强降水发生的冷空气的主要路径。另外,位于中国西南地区东部至华中地区(25°～40°N,100°～120°E)的低频系统虽然较为稀疏,但较为一致地存在低频气旋系统,它的出现往往造成贵州地区的强降水。这些低频系统集中的区域往往都对应着有利于贵州省强降水的大气环流系统,因此利用低频图方法开展强降水过程预测是有科学理论依据的。

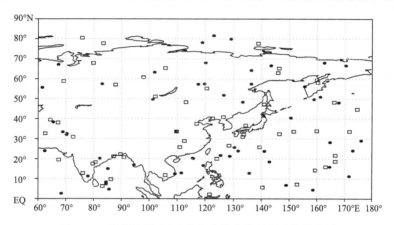

图 4.14　低频流场 EOF 前十个模态的低频系统分布图
(□:低频气旋;●:低频反气旋)

　　根据上述分析,将影响贵州省强降水的低频关键区划分为 6 个,即贝加尔湖以西(40°～70°N,80°～110°E)为第 1 关键区,贝加尔湖以东(40°～70°N,110°～150°E)为第 2 关键区,中国西南地区东部至华中地区(25°～40°N,100°～120°E)为第 3 关键区,西太平洋地区(10°～40°N,120°～150°E)为第 4 关键区,孟加拉湾(0°～25°N,70°～100°E)和中国南海(0°～25°N,100°～120°E)分别为第 5 和第 6 关键区(图 4.15)。

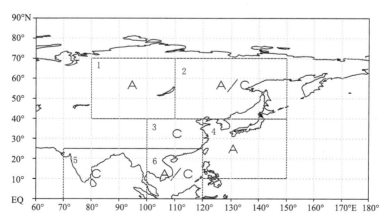

图 4.15　贵州省区域性强降水过程的低频系统关键区及低频预测模型
(1～6 为各低频系统关键区编号;C 为低频气旋;A 为低频反气旋)

4.4.2　强降水过程低频预测模型的低频系统周期

低频图方法是根据低频系统的周期演变进行外推,从而进行延伸期过程预测,因此对各关键区低频系统的周期进行统计。根据 2011—2015 年汛期(4—10 月)逐日低频天气图,对各关键区的低频气旋和低频反气旋的生成、发展、消亡进行统计,获得各关键区低频系统的周期(表 4.4)。从表 4.4 可以看出,每个关键区内的低频气旋(C)和低频反气旋(A)的周期基本相当。4、5 区的低频系统周期较其他地区较长,而 3 区的低频系统周期最短,这可能是因为 3 区的范围最小,该地区的低频系统由其他地区移动过来,故在 3 区的周期最短,但通过 4.4.1 节分析表明,当 3 区有低频气旋出现时往往造成贵州地区的强降水发生。

表 4.4　贵州省各关键区低频系统的周期(单位:d)

低频系统	1 区	2 区	3 区	4 区	5 区	6 区
低频气旋(C)	12	13	7	15	15	11
低频反气旋(A)	11	13	8	15	17	11

4.4.3　强降水过程预测模型及应用

为确定各关键区的低频系统的空间分布特征,统计 59 个强降水日各区的低频系统出现频次(表 4.5)。从表 4.5 可以看出,1 区以低频反气旋为主,共计出现 27 次,高于低频气旋出现频次(15 次);2 区低频气旋和反气旋出现频次基本相当,分别为 28 和 32 次;3 区低频系统只有低频气旋,共计出现 10 次;4 区以低频反气旋为主,共计出现 39 次,高于低频气旋出现频次(26 次);5 区以低频气旋为主,低频气旋和低频反气旋出现的频次分别为 33 次和 25 次;6 区低频气旋和反气旋出现频次基本相当,分别为 18 次和 23 次。

表 4.5　贵州省各关键区 59 个强降水日的低频系统统计表

低频系统	1 区	2 区	3 区	4 区	5 区	6 区
反气旋(A)	25	20	0	29	17	16
气旋(C)	13	24	10	16	25	21
反气旋和气旋(A/C)	2	8	0	10	8	2
无(/)	19	7	49	4	9	20

根据各关键区低频系统的主要空间分布特征,结合影响贵州省降水的环流系统,建立贵州省区域性强降水过程的低频预测模型(图 4.15),即当 1、4 区出现低频反气旋,3、5 区出现低频气旋,2、6 区有配合其他关键区的低频系统活动时,南北暖湿气流在贵州地区形成冷暖交汇,有利于强降水过程的发生发展。该模型考虑了影响贵州省降水的主要天气系统,如西太平洋副热带高压、印缅槽、东亚大槽、局地气旋性环流等。

根据贵州省强降水过程的低频图预测模型,对 2016 年汛期(4—10 月)强降水过程进行预测试验。回顾起报日前期 30 d 低频系统的发生发展,跟踪各关键区低频系统的演变规律,通过各关键区低频系统的活动周期进行外推,得到未来 11～30 d 内符合预测模型的日期,从而进行强降水过程预测。比如说 2016 年 4 月 19 日 1 区出现低频反气旋,4 月 30 日 4 区出现低频反气旋,5 月 1 日 5 区出现低频气旋,根据各区气旋和反气旋的活动周期外推出 5 月 13—15

日,1 区出现反气旋,4 区出现反气旋,5 区出现气旋,该低频配置有利于贵州省出现区域性强降水过程发生。因此预报 2016 年 13—15 日出现区域性强降水过程,实况是 5 月 13—15 日全省日平均降水量分别为 20.6 mm、7.0 mm 和 19.0 mm,与预测模型基本一致。

　　2016 年汛期强降水过程预测试验中共发布强降水过程预测 15 次(表 4.6),根据 2016 年 4—10 月逐日降水量实况来看,预测正确的强降水过程次数为 11 次,4 次为空报,而有 13 次为漏报。按照准确率的计算公式来计算,准确率为 39.2%,表明将低频图方法用于贵州省强降水过程预测效果较理想。

表 4.6　贵州省 2016 年 4—10 月强降水过程预测试验统计结果

预测次数(次)	预测正确次数(次)	空报次数(次)	漏报次数(次)	预测准确率(%)
15	11	4	13	39.2

第5章
动力模式产品在气候预测业务中的应用和评估

从 20 世纪 90 年代开始,基于数值模式的动力学短期气候预测试验广泛开展。最具代表性的欧洲中期数值模式预报中心(ECMWF)于 20 世纪 90 年代初就建立了基于持续性海温异常强迫、高分辨率的月尺度气候预测系统 T159L40,2004 年该系统发展为集合成员达 51 个的海气耦合月尺度集合预测系统(李维京,2012)。美国的气候预测中心(NCEP/CPC)也于 2004年基于 NCEP 的大气、海洋和陆地同化资料,发展了分辨率为 T62L64(水平近似于 210 km)的海气耦合模式 CFSv1,该模式初始场由 15 个不同时间的样本集合而成。2011 年 NCEP/CPC 推出了包含 16 个集合成员、积分时间达 45 d 的第二代模式系统 CFSv2,其水平分辨率提升为 T126(近似于 100 km)(Saha et al,2012)。国家气候中心发展了基于北京气候中心气候系统模式(Beijing Climate Center Climate System Model,简称 BCC_CSM)的第 1 代和第 2 代气候预测系统(丁一汇 等,2008;吴统文 等,2013),IAP 发展了基于通用气候系统模式(Community Climate System Model,简称 CCSM4)的动力预测系统 PCCSM4(马洁华 等,2014)。经过多年的不懈努力,动力预测方法各方面都取得了很大的进步,特别是在 ENSO(厄尔尼诺和南方涛动)预测方面,目前的全球预测系统在超前 1 个月的情况下 Niño3.4 指数与观测的相关系数普遍能达到 0.8 左右(MacLachlan et al,2015)。

近几年来国家气候中心对 BCC_ AGCM2.0.1 再次进行了优化,2011 年 3 月完成了 BCC_AGCM2.2 版本的定型。并在 BCC_AGCM2.2 版本的基础上建立了第二代月动力延伸预测模式业务系统 DERF2.0。DERF2.0 从模式结果本身、分辨率等方面与 DERF1.0 比进行了较大的调整。该系统性能稳定,2014 年应用于预测业务。另外,为了促进短期气候预测业务向客观定量化发展,国家气候中心基于国内外气候业务模式数据解释应用集成预测技术的研发和业务应用,建立了相应的多模式解释应用集成预测系统 MODES(Multi-model Downscaling Ensemble System),MODES 于 2012 年陆续向省级推广更新。但模式产品和预测系统对气候,特别是降水的预测能力远不能满足防灾减灾的实际需求,因此需要通过其他方法对动力模式产品和预测系统结果进行解释再利用,从而进一步提高气候预测水平。本章主要介绍贵州省如何通过开展的动力模式产品在气候预测业务中的应用和评估来实现对动力模式产品的降尺度解释应用。

5.1 DERF2.0预测性能评估

2014 年 DERF2.0 投入气候预测业务应用,各省(区、市)都相继开展本地化业务应用,但怎样高效地利用模式数据来开展本地化的业务应用,首先需要对模式直接输出的预测数据进行评估,评估其预测性能。其中延伸期过程产品检验评分方法有 Zs 和 Cs(详见附录 A),月预测产品检验评分方法有符号一致率评分(Pc)(详见附录 B)、趋势异常综合评分(Ps)(详见附录 C)以及距平相关系数(Acc)等(详见附录 D)。

5.1.1　DERF2.0 对贵州延伸期预测性能评估

由于 DERF2.0 数据逐日更新,根据预报时间长度,选取预报时间在 2014—2016 年 4—10 月的预报产品,利用双线性插值方法将格点资料换算到站点资料,生成贵州省代表站点延伸期预报序列,起报时间与预报员上传的月内强降水过程报文一致(上传时间为每年 4—10 月每旬最后一日 16 时(北京时),其中 4 月和 10 月各省(区、市)气象局可根据当地气候特征选择性上报月内冷空气过程预测产品数据或月内强降水过程预测数据),上传报文共 57 个样本文件(其中 2014 年 4 月上、中、下旬;2014 年 10 月中、下旬;2016 年 10 月下旬 6 个文件为月内冷空气过程预测数据,共计 6 个样本文件不参与评估计算),但 DERF2.0 数据对应 57 个样本文件中 2015 年 8 月 28 日和 2015 年 10 月 27 日 2 个数据文件缺省,共 55 个样本文件。

针对上述 55 个数据样本,将预报员预测数据与 DERF2.0 预测数据的 Zs 和 Cs 评分结果进行对比分析。如图 5.1 所示,预报员预测数据的 Zs 和 Cs 评分总体高于 DERF2.0 预测数据,雨季期(4—10 月)分别为 0.18 和 0.17,主汛期(6—8 月)分别为 0.21 和 0.20。但值得注意的是,DERF2.0 预测数据的预测质量在逐年提高,Zs 和 Cs 逐年较预报员预测数据在雨季期的提高率分别为 25%(4/16)、42%(8/19)、50%(10/20)和 19%(3/16)、21%(4/19)、35%(7/20),在主汛期 DERF2.0 预测数据较预报员预测数据的提高率分别为 33%(3/9)、67%

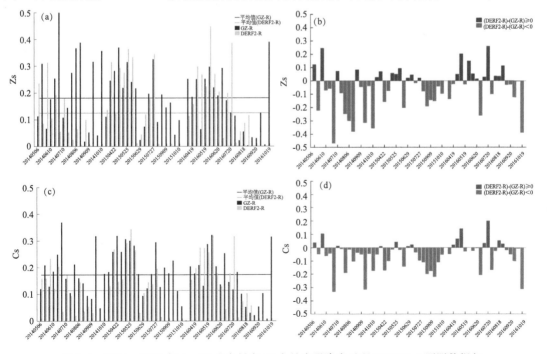

图 5.1　2014—2016 年 4—10 月贵州省 55 个月内强降水过程 DERF2.0 预测数据与预报员预测数据评分((a)Zs,(c)Cs)和评分差值((b)Zs,(d)Cs)

(6/9)、67%(6/9)和33%(3/9)、33%(3/9)、33%(3/9)。

如图5.1所示,55个数据样本 Zs 和 Cs 平均分分别为0.12和0.11,2014—2016年雨季(4—10月)逐年月内强降水过程 Zs 和 Cs 平均分分别为0.09和0.09、0.13和0.12、0.14和0.13(表5.1),以及2014—2016年主汛期(6—8月)逐年月内强降水过程 Zs 和 Cs 平均分分别为0.14和0.13、0.22和0.19、0.23和0.19(表5.2),发现 DERF2.0 数据对月内强降水过程预报的准确率在逐年提高,对主汛期的预报准确率较整个雨季期略高,并且评分也呈逐年提高的趋势。

表 5.1　贵州省 2014—2016 年雨季期逐年月内强降水过程 DERF2.0 预测数据样本 Zs 和 Cs 平均分统计

评分方法	2014 年	2015 年	2016 年	年平均分
Zs	0.09	0.13	0.14	0.12
Cs	0.09	0.12	0.13	0.11

表 5.2　贵州省 2014—2016 年主汛期逐年月内强降水过程 DERF2.0 预测数据样本 Zs 和 Cs 平均分统计

评分方法	2014 年	2015 年	2016 年	年平均分
Zs	0.14	0.22	0.23	0.19
Cs	0.13	0.19	0.19	0.17

5.1.2　DERF2.0 对贵州月气温、降水预测性能评估

5.1.2.1　距平符号一致率(Pc)评估结果

距平符号一致率(Pc)反映的是预报与实况距平符号一致的相似程度。研究表明(何慧等,2014),当同号率大于50%,气温和降水预测优势才能体现,因此先采用该方法进行评估,再考察异常预测的优势。

相对降水的同号率来说,1983—2014年年平均气温的同号率相对较高(图5.2),但仍然有些年份的效果不理想,甚至于没有意义,如1983年和1986年26号起报的气温同号率只有43.7%和42.4%,这些年份的预测效果较差的原因值得进一步探讨。而降水同号率虽然相对较低,但仍然有一些年份的同号率较高,如1988年和1996年26号起报的同号率达69%以上。

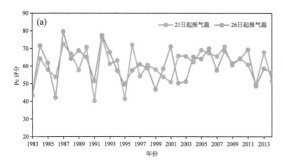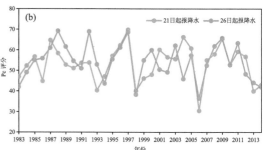

图 5.2　1983—2014 年贵州省气温(a)和降水(b)的距平符号一致率 Pc 随时间的变化

从表5.3可知:冬季和春季各月的气温同号率都过60%以上,其中2月的同号率达到了75.8%,而夏季和秋季各月的气温同号率相对要低些,除6月外,各月的值都超过了50%,月

平均为 60.8%,这一结果和 21 日起报的结果大体相同(表略)。降水的同号率则相对要低些,月平均为 54.4%。由此可知,DERF2.0 的预测总体能够反映出气温的主要趋势,对降水的预测相对要差些。

表 5.3　DERF2.0 回报 1983—2014 年贵州省月平均 Pc 评分表(26 日起报)

	1月	2月	3月	4月	5月	6月	7月	8月	9月	10月	11月	12月	平均
气温	63.0	75.8	69.8	67.5	63.4	45.3	52.1	56.8	55.4	58.3	61.2	61.5	60.8
降水	56.5	52.8	63.2	49.5	50.6	45.6	45.6	58.0	58.9	57.8	61.0	53.3	54.4

为系统地评估模式产品月尺度预测性能的空间分布特征,以 1 月、4 月、7 月和 10 月来表征冬、春、夏、秋四个季节的评估结果。从图 5.3 的检验结果来看,1 月的气温距平符号一致率 Pc 评分总体较好,其中在贵州省西南部和西部评分相对较高,而东部和北部评分相对较低。

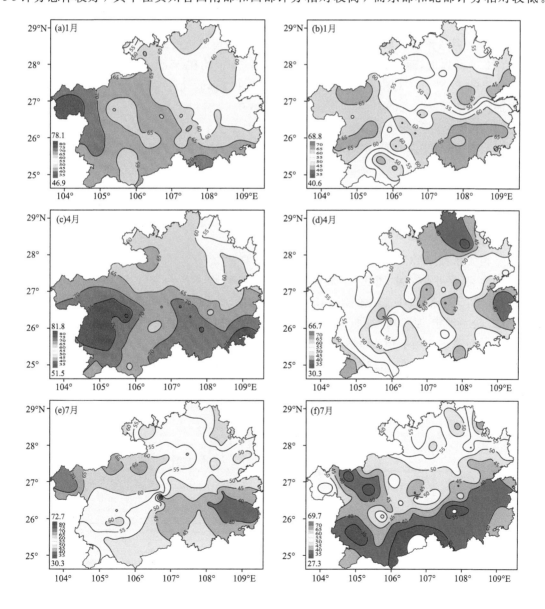

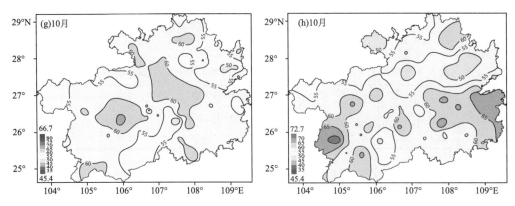

图 5.3　贵州省 1 月、4 月、7 月和 10 多年月平均 Pc 评分

(a、c、e、g 为气温,b、d、f、h 为降水)(26 日起报)

与 1 月相比,4 月较差的区域有所缩小并北移,贵州省的南部和西部气温的 Pc 评分总体较好,其 Pc 值在 70 分以上,而北部气温的 Pc 评分相对较差,但均在 55 分左右。7 月贵州省西部和东北部气温的 Pc 评分相对较好,而贵州省的东南部和南部的气温 Pc 评分相对较差。10 月贵州省中部和西南部的气温的 Pc 评分相对较好,基本在 60 分以上,而贵州省的部分边缘地区气温的 Pc 评分相对较差,基本在 55 分左右。

从降水的 Pc 评分的空间分布来看,1 月的降水 Pc 评分在贵州省的西部和东南部边缘地区相对较高,其余地区相对较差。4 月和 7 月降水的 Pc 评分总体偏差,基本在 50 分左右,甚至更低,这样的评分没有意义。10 月降水的 Pc 评分相对较高,其中在贵州省的东南部和西部相对较好,而在北部和南部的边缘地区 Pc 评分相对较差。

5.1.2.2　距平相关系数(ACC)评估

距平相关系数 ACC 也是常用于短期气候预测质量检验的方法之一。图 5.4 给出了 1983—2014 年贵州省气温(图 5.4a)和降水(图 5.4b)的距平相关系数 ACC 随时间的变化序列,可以看出:无论是 21 日起报的还是 26 日起报的结果,1983—1995 年平均气温的距平相关系数 ACC 较不稳定,从 20 世纪 90 年代后期至 21 世纪初期,气温的距平相关系数较稳定且基本为正值。而降水的距平相关系数 ACC 的波动分为三个时期,在 1983—1992 年,降水的距平相关系数 ACC 为正值,在 1993—2004 年为负值,而在 2005—2014 年为正值。

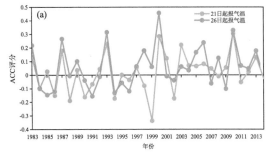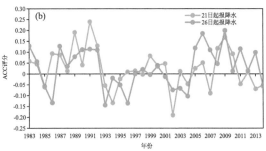

图 5.4　1983—2014 年贵州省气温(a)和降水(b)的距平相关系数 ACC 随时间的变化

从表 5.4 可知,气温各月的 ACC 值除 7 月为负值外,其余各月都为正值,月平均气温 ACC 值达 0.28。1—5 月和 10 月的气温 ACC 技巧较高,都在 0.30 以上,其中 2 月的 ACC 评分最高,为 0.66;相比较而言,7 月的气温 ACC 技巧相对最低。由此可知,DERF2.0 对气温的总体预测性能较好。而降水各月的 ACC 值除 4 月、6 月、7 月和 12 月为负值外,其余各月为正值,月平均值为 0.10,由此表明,DERF2.0 能够预测出贵州省总体旱涝趋势。但与气温的 ACC 值相比,降水的 ACC 评分较气温平均偏低 0.18。相对而言,8—11 月的降水 ACC 技巧相对较高,且较稳定,都在 0.16 以上,其中 11 月最高,为 0.58;而 4—7 月的降水 ACC 技巧相对较低。

表 5.4　DERF2.0 回报 1983—2014 年贵州省月平均距平相关系数 ACC 表(26 日起报)

	1 月	2 月	3 月	4 月	5 月	6 月	7 月	8 月	9 月	10 月	11 月	12 月	平均
气温	0.32	0.66	0.54	0.44	0.43	0.13	-0.02	0.16	0.26	0.32	0.16	0.01	0.28
降水	0.08	0.14	0.13	-0.01	0.02	-0.09	-0.13	0.22	0.17	0.14	0.58	-0.02	0.10

从图 5.5 的检验结果来看,1 月的气温 ACC 技巧总体较好,全省均为正值,其中在贵州省西南部和西部评分相对较高,而东部和北部评分相对较低。与 1 月相比,4 月较差的区域有所缩小并北移,贵州省南部气温的 ACC 技巧总体较好,其 ACC 值在 0.5 以上,而北部气温的 ACC 技巧相对较差,但均在 0.3 左右。7 月贵州省西部和北部气温的 ACC 技巧相对较好,为正值,而贵州省东南部气温的 ACC 技巧相对较差,为负值。10 月气温的 ACC 技巧分布均匀,贵州省大部气温的 ACC 技巧相对较好,基本在 0.3 以上。

从降水的 ACC 评分的空间分布来看,1 月的降水 ACC 技巧在贵州省的东部和北部边缘地区为负技巧,而在其他地区为正技巧,其中在西南部降水的 ACC 技巧相对较高。4 月降水的 ACC 技巧分布不均,在西南部的 ACC 技巧相对较高,其他无明显的分布特征。7 月降水的 ACC 评分除北部和西部边缘为正技巧外,其余地区为负技巧。10 月降水的 ACC 技巧分布均匀,贵州省大部的降水的 ACC 技巧相对较好,为正值。

5.1.2.3　趋势异常综合(Ps)评估

趋势异常综合(Ps)反映的不仅是对气候趋势的把握能力,还包括对异常等级预报的把握能力。从图 5.6 可以看出,21 日起报的气温(降水)的预测效果与 26 日起报的气温(降水)的差异并不大。气温各年的 Ps(26 日起报的)评分基本都超过了 60 分,最高的年份为 1987 年达到了 85.9 分,多年平均值为 67.6,这个值相对于 Pc 的多年平均值(60.8)来说,高出了 6.8 分,这也体现出异常预测的优势。由此可知,DERF2.0 对气温的总体预测性能较好。降水方面,降水各年的 Ps(26 日起报的)评分基本都超过了 50 分,最高的年份为 1992 年,为 81.1 分,多年平均值为 67,同样地,该值对于 Pc 的多年平均值(54.4)来说,高出了 12.6 分,这也体现该模式对降水异常预测的优势。

从表 5.5 可以看出,DERF2.0 回报的气温的月平均趋势异常综合 Ps 评分在冬季和春季的评分都较高,而在夏季和秋季相对较低,尤其是在 6 月最低,为 54.0 分。降水方面, DERF2.0 回报的降水的月平均趋势异常综合 Ps 评分在秋季的评分最高,3 个月都在 70 以上,而在夏季最低,尤其是在 7 月最低,为 58.6 分。由此表明气温和降水的预测相对较好的月份主要集中在冬季,夏季较差。

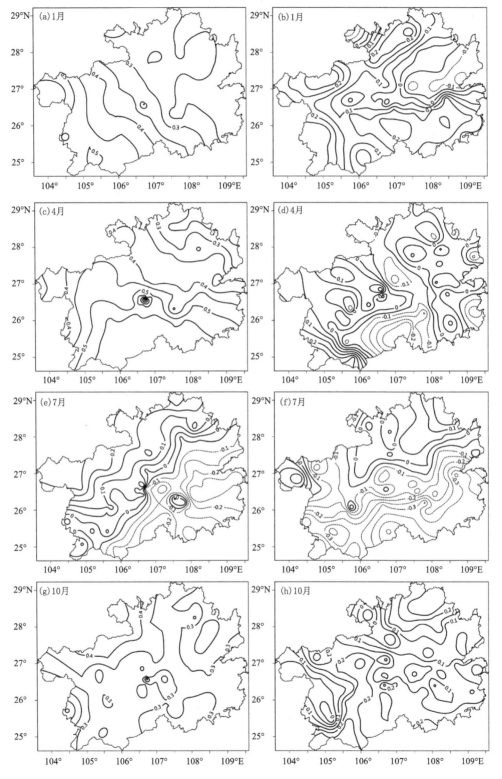

图 5.5 贵州省 1 月、4 月、7 月和 10 月多年平均 ACC 评分

(a、c、e、g 为气温,b、d、f、h 为降水)(26 日起报)

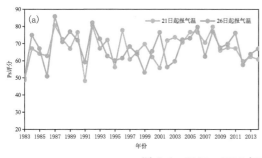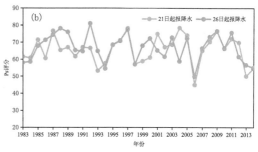

图 5.6　1983—2014 年贵州省气温(a)和降水(b)
的趋势异常综合 Ps 随时间的变化(26 日起报)

从图 5.7 的检验结果来看,1 月气温的 Ps 评分总体较好,其中贵州省北部和东部,尤其是赤水地区评分很低,而在贵州省西部和南部气温的预测相对较高。与 1 月相比,4 月较差的区域有所缩小并北移,贵州省南部和西部气温的预测较好,而北部气温的预测相对较差。7 月和 10 月全省气温预测总体都相对较差,不同的是,7 月 Ps 评分低值集中在贵州省南部,而 10 月 Ps 评分低值主要集中在贵州省东部等边缘地区。

从降水的 Ps 评分的空间分布来看,1 月和 10 月,降水的 Ps 评分较高,尤其是 10 月,全省大部地区 Ps 评分都在 75 分以上,而 4 月和 7 月,降水的 Ps 评分较低,尤其是 7 月,降水 Ps 评分在贵州省的南部和西部边缘地区在 60 分以下,有的甚至在 50 分以下。

总的来说各月气温和降水的 Ps 评分随着季节变化而变化。其中 DERF2.0 对气温预报性能较好集中在冬季和春季,而 DERF2.0 对降水预报性能较好集中在秋季。从空间分布来看,DERF2.0 对降水的总体预测性能相对较差,且预测性能不稳定。

表 5.5　DERF2.0 回报 1983—2014 年贵州省月平均趋势异常综合 Ps 评分表(26 日起报)

	1 月	2 月	3 月	4 月	5 月	6 月	7 月	8 月	9 月	10 月	11 月	12 月	平均
气温	67.7	77.7	76.4	75.1	72.4	54.0	61.2	63.9	61.3	64.0	68.7	68.3	67.6
降水	68.0	64.1	74.3	63.6	63.7	62.2	58.6	68.2	71.2	70.6	73.3	66.1	67.0

5.2　DERF2.0 气候模式产品在贵州省降水预测中的应用

近年来,月动力延伸期预测产品(DERF)在气候预测业务中得到广泛应用(林纾 等,2007;顾伟宗 等,2009;何慧 等,2009;刘绿柳 等,2011;马锋敏 等,2011;段均泽 等,2012),但动力气候模式对大尺度环流的特征模拟较好,对空间尺度较小的降水、气温等地表气候要素的预测技巧较低(陈丽娟 等,2001;覃志年 等,2010),因而如何利用气候模式输出的具有较高预测技巧的大尺度模式数据进行中小尺度的降水预测显得十分重要。本节主要介绍利用月动力延伸期预测产品(DERF)结合降尺度方法在贵州省降水预测中的应用。

5.2.1　DERF 产品在贵州降水主分量逐步回归预报模型中的释用

建立统计降尺度预报模型过程中,主要采用下列方法:

(1)对贵州省 1981—2010 年 6 月降水量距平百分率进行 EOF 分解,提取第一模态主分量作为预报量 y。

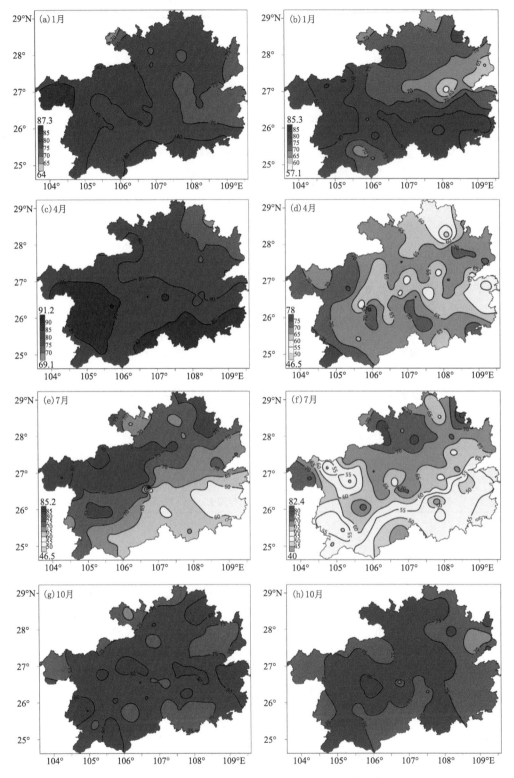

图 5.7　贵州省 1 月、4 月、7 月和 10 月平均趋势异常综合 Ps 评分

（a、c、e、g 为气温，b、d、f、h 为降水）

(2)将 PC1 与同期东北半球(0°~90°N、0°~180°E)NCEP/NCAR 再分析 500 hPa 位势高度格点资料进行相关系数计算和显著性检验,从中挑选出 $r_{xy}>r_a=0.3061$(0.1 显著性水平检验)的格点作为逐步回归待选因子($x_1,x_2,x_3,\cdots,x_i$)参加逐步回归,通过设定显著性水平 α,可有效控制获得所需参加逐步回归的因子数量。

(3)建立预报模型(0.1 显著性水平检验),得出预报量 y 与预报因子 $x_1,x_2,x_3,\cdots,x_i$ 的多元预报方程:

$$y = b_0 + \sum_{i=1}^{p} b_i x_i, \tag{5.1}$$

式中,b_0 为常数,b_i 为回归系数,x_i 为预报因子,将检验期(1981—2013 年 6 月)的 NCEP/NCAR 预报因子代入所建模型,得到降水异常拟合值。

(4)将预报模型分别应用到 2007—2013 年 5 月 16 日、5 月 21 日和 5 月 26 日共 3 个起报时次的 DERF 产品中 500 hPa 的大尺度预报因子上,得到贵州省未来 6 月降水主分量的预报值(y_1,y_2,y_3),进而得到相应的主分量空间分布预报场,并将主分量预报值与降水月资料的实况标准化值进行对比,以确定预报因子的最佳时空组合。

运用 EOF 方法对贵州省 83 个地面气象观测站 1981—2010 年 6 月降水量距平百分率进行经验正交函数分解,得到了贵州省 83 站全年 6 月降水异常量 EOF 不同模态方差及方差贡献率,其中 EOF 前 5 模态的方差累积贡献率均达到了 66% 以上,前 3 个模态为主要模态,其方差贡献率占 56% 以上,其中第一模态大约占前 3 个模态的 53%,且 PC1 与同期 6 月降水量标准化序列的相关系数达 0.987,通过 0.05 信度检验(图 5.8b),表明第一模态能较好地反映6 月降水主分量的时空分布特征。

图 5.8 为贵州省 83 站 6 月降水异常量 EOF 分解的第一模态时空分布和时间序列,从图中可以看出贵州省 6 月降水主分量的空间分布为贵州省西部边缘地区与贵州省大部地区呈反位相变化,异常大值区位于贵州省中部以南地区,其中心值位于都匀和镇宁到长顺一带。主分量时间序列在 20 世纪 80 年代至 90 年代中期大多是负位相,之后转为大多正位相,再进入 21世纪初之后又转为大多负位相。这表明从年代际趋势来看,6 月降水异常量的空间分布近 30年表现由"西部边缘地区多—全省大部少"型转变为"西部边缘少—全省大部分多"型再转变为"西部边缘地区多—全省大部少"的年代际时空变化特征。

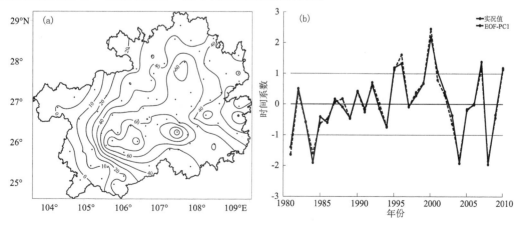

图 5.8 贵州省 6 月降水量 EOF 第一模态的空间分布(a)和时间序列(b)

将贵州省 83 站 6 月降水主分量的时间序列 PC1 与东北半球（0°～90°N，0°～180°E）500 hPa 高度场做相关，得到图 5.9。将得到的 226 个格点通过多元线性逐步回归方法，建立 295 个格点与 6 月 PC1 的回归方程，通过预报因子筛选，利用公式(5.1)，建立回归方程：

$$y = -0.00003 - 1.016x_1 + 1.405x_2 - 1.342x_3 - 0.532x_4 + 0.584x_5 + 0.633x_6 \quad (5.2)$$

如图 5.9 所示，x_1、x_2、x_3、x_4、x_5 和 x_6 分别为格点 A(55°N、77.5°E)，格点 B(62.5°N、85°E)，格点 C(67.5°N、90°E)，格点 D(22.5°N、92.5°E)，格点 E(22.5°N、110°E) 和格点 F(20°N、135°E)，该 6 个主要预报因子的格点位置表明贵州省 6 月降水主分量型分布与副热带和中高纬度大气环流的影响息息相关。格点 A、格点 B 和格点 C 在西伯利亚高压的中北部，也是 500 hPa 高度槽东移南下的必经之地，西伯利亚高压和 500 hPa 高空槽正是驱动冷空气南下的关键控制系统，表明贵州省降水必受冷空气影响，与中国中东部降水机制基本相同。格点 D、格点 E 和格点 F 分别在 500 hPa 夏季副热带高压的西部、中部和东部，说明影响贵州省降水量多少的另一个重要因素就是西太平洋副热带高压位置，贵州省是否处于副高西部边缘，就能预示副高边缘的水汽输送通道是否能为贵州省带来暖湿空气，与中高纬度南下的冷空气相互作用带来降水。

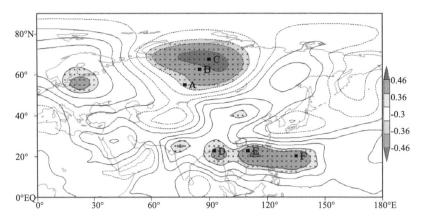

图 5.9　东北半球(0°～90°N，0°～180°E)500 hPa 高度场与 EOF1 时间序列相关系数的空间分布图
（叉号：相关系数通过 $\alpha=0.1$ 显著性水平检验的点；方块：逐步回归方程通过 $\alpha=0.1$ 显著性水平检验的点）

将 500 hPa 高度场 NCEP/NCAR 再分析资料的 6 个预报因子代入式 5.2，得到贵州省 6 月降水量异常的拟合值(图 5.10)。从图中我们可以看出，1981—2013 年 6 月拟合值与实况值二者的相关系数达 0.736，过 0.05 显著性水平检验，表明通过多元逐步回归方法建立的预测模型能很好地预测贵州省未来 6 月的降水异常量。

基于预报模型，利用国家局下发的 DERF 月动力延伸期数据，选取 2007—2013 年 5 月 16 日、5 月 21 日和 5 月 26 日共 3 个起报时次的未来 40 d 数据中，6 月 1—30 日时间段数据求平均，得到 2007—2013 年 5 月 16 日、5 月 21 日和 5 月 26 日起报 DERF 产品的 6 月平均资料，即 500 hPa 高度场资料(每一个起报时刻记有 1 组 7 个预测数据(2007 年、2008 年、2009 年、2010 年、2011 年、2012 年和 2013 年))共 3 组 21 个预测数据。将 3 组数据分别带到预报模型中(式 5.2)。然后将这 4 个不同起报时刻的预测值与实况值进行对比发现，DERF 数据 5 月 21 日起报 6 月的效果较好，其预测值与实况值的相关系数为 0.725，通过 0.05 显著性水平检验，不过样本仅 7 年，有待更多样本的检验。

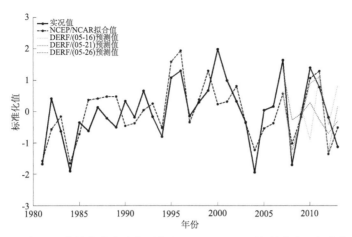

图 5.10　1981—2013 年 6 月贵州省降水量实况值和 NCEP/NCAR 资料降水量拟合值及 2007—2013 年
6 月 DERF 资料 3 个不同起报时刻的降水量预报值的标准化时间序列对比(黑实线为实况值,
黑虚线是 NCEP/NCAR 资料的拟合值,绿点线、紫点线和蓝点线分别是 DERF 资料于
5 月 16 日、5 月 21 日和 5 月 26 日起报时刻的预报值)

　　贵州省 83 个站的 2007—2013 年 5 月 21 日起报未来 3～8 候平均(即 6 月)DERF 产品解用的预报结果 Ps 评分结果的空间分布如图 5.11a 所示,发现 DERF 产品释用的预报效果对贵州省东部大部、北部、中部和南部部分地区较好,Ps 评分在 80% 以上,对贵州省西部边缘地区预报效果较差,其余大部分地区差异不明显。从预报结果 Ps 评分结果的时间序列来看(图5.11b),除 2013 年 6 月预报效果较差外,其余 6 年预报结果较好,Ps 平均分为 86%,尤其是2008 年和 2010 年 6 月 Ps 评分均在 90% 以上。由此看出由逐步回归建立预报模型的 DERF产品释用预报方法在贵州大部地区具有一定的预报能力。

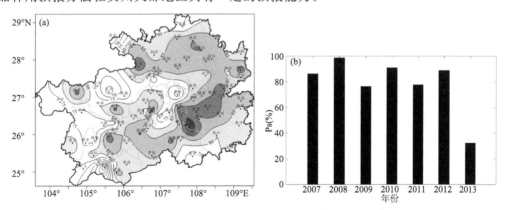

图 5.11　DERF 产品释用预报 2007—2013 年贵州省 6 月降水量距
平百分率 Ps 评分的空间分布(a)和时间变化(b)

5.2.2　基于 DERF2.0 模式产品对单站旬、月极端降水日数的预测

　　在建立统计降尺度预测模型过程中主要采用了下列方法。

　　(1)选取贵阳站为贵州区域代表站,确定代表站相对极端降水量日数阈值,统计该站逐旬、月极端降水量日数,作为预测对象 y。

　　旬、月极端降水量日数阈值确定方法：根据 WMO 气候委员会（CCI）/全球气候研究计划（WCRP）气候变化与可预测性计划（CLIVAR）气候变化检测、监测和指标专家组（ETCCDMI）有关定义和计算方法，将极端降水日数定义为时段内日降水量大于第 90 个百分位值的天数。每个站点逐月计算第 90 个百分位数，即对 1983—2013 年每个月内超过 1 mm 的降水量从小到大进行排序，计算第 90 个百分位对应值，作为极端降水量阈值。

　　（2）将 y 与同期全球（90°S～90°N，0°～360°E）DERF2.0 模式输出的 500 hPa 高度场格点资料进行回归系数计算和显著性检验，从中挑选出过 $\alpha=0.05$ 显著性水平的格点作为逐步回归待选因子（$x_1, x_2, x_3, \cdots, x_i$）参加逐步回归，通过设定显著性水平可有效控制获得所需参加逐步回归的因子数量。

　　（3）建立预测模型（0.1 显著性水平检验），得出预测对象 y 与预测因子 $x_1, x_2, x_3, \cdots, x_i$ 的多元预测方程：

$$y = b_0 + \sum_{i=1}^{p} b_i x_i \tag{5.3}$$

式中，b_0 为常数，b_i 为回归系数，x_i 为预报因子，对贵州省汛期时段延伸期旬、月（1～10 d、11～20 d、21～30 d、31～40 d、1～30 d 和 11～40 d）时段内极端降水日数和 DERF2.0 集合预测产品间建立预测模型。

　　（4）对 DERF2.0 集合预测产品的预测结果进行独立样本检验。

　　贵阳站 1983—2013 年气候平均逐日降水量呈单峰型分布（图 5.12），雨水集中期在 4—10 月，占全年总降水量的 87%，其中盛夏 6—8 月占全年总降水量 49%（6 月占 19%、7 月占 17% 和 8 月占 13%）。

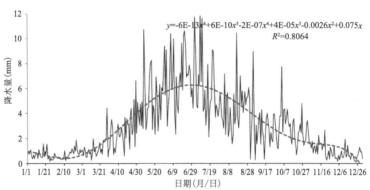

图 5.12　贵阳站 1983—2013 年气候平均逐日降水量

　　考虑到降水的区域性和季节性差异，极端降水日数采用相对指标来定义。图 5.13 为贵阳站 1951—2013 年逐年 5 月 26 日起算未来 1～10 d、11～20 d、21～30 d、31～40 d 各时段内的极端降水日数。总体上看，5 月 26 日起算未来 1～40 d 的极端降水总日数平均为 1.3 d，20 世纪 80 年代中期至 90 年代中期是极端降水日数偏多的时段，其余时段呈现偏少特征，但 21 世纪 10 年代之后极端降水日数呈增加趋势。

　　由上述分析可见，贵州省夏季降水量最多、暴雨频率最高的降水出现在 6 月，本节以雨水最为充沛的 6 月作为预测对象，对 5 月 26 日起报未来 1～40 d 内旬（1～10 d、11～20 d、21～30 d 和 31～40 d）、月（1～30 d 和 11～40 d）极端降水日数的预测模型的建立及其预报能力进行讨论，有效地将 DERF2.0 业务产品中提供的具有较高预测技巧的大尺度预测信息（500 hPa 高度场）统计降尺度到观测站点。

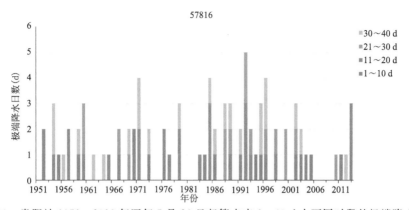

图 5.13　贵阳站 1951—2013 年逐年 5 月 26 日起算未来 1～40 d 内不同时段的极端降水日数

利用 DERF2.0 业务产品在 1983—2003 年 5 月 26 日起报未来 1～10 d、11～20 d、21～30 d、31～40 d、1～30 d 和 11～40 d 各时段的 500 hPa 高度场（90°S～90°N,0°～360°E）资料,与同期各时段内贵阳站极端降水日数实况值做回归分析,其回归系数空间分布如图 5.14 所示,

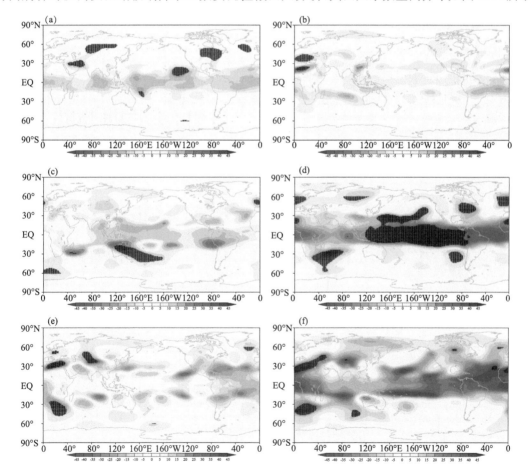

图 5.14　1983—2013 年全球（90°S～90°N,0°～360°E）500 hPa 高度场与贵阳站 1～10 d(a)、11～20 d(b)、21～30 d(c)、31～40 d(d)、1～30 d(e) 和 11～40 d(f) 各时段内极端降水日数的回归系数空间分布

（阴影区：回归系数通过 $\alpha=0.05$ 显著性水平检验）

图中阴影区域为回归系数通过 0.05 显著性水平检验的区域。由图可见,1~10 d、11~20 d、21~30 d 及 31~40 d 的关键区位置均存在较大差异,说明在旬尺度下影响贵阳站各时段极端降水日数的副热带和中高纬度大气环流具有不稳定性,而 1~30 d 和 11~40 d 两个时段内的关键区位置则较为相似,即月尺度大气环流信号相对稳定。由上述分析可见,天气系统在月内具有阶段性的调整和变动,旬尺度的大气环流信号相比月尺度稳定性较弱。

　　基于贵阳站 5 月 26 日起算未来 1~10 d、11~20 d、21~30 d、31~40 d、1~30 d 和 11~40 d 各时段内的极端降水日数距平与同期关键区高度距平场(HGTa)建立预测模型,以 1983—2003 年为训练阶段,利用逐步回归方法筛选预测因子,对 2004—2013 年逐年的各时段内的极端降水日数距平 y 进行独立预测,考察各关键区 HGTa$(x_1, x_2, x_3, \cdots, x_i)$ 的贡献率及预测模型的准确率式(5.3),将 2004—2013 年逐年同期各时段内关键区 HGTa 代入所建模型,得到极端降水日数距平预测值。图 5.15 为 2004—2013 年 5 月 26 日起报未来各时段贵阳站极端降水日数距平的实况值与固定时段预测模型计算所得的预测值对比。由图可见 1~10 d、11~20 d、21~30 d、31~40 d、1~30 d 和 11~40 在各时段内极端降水日数距平预测的同号

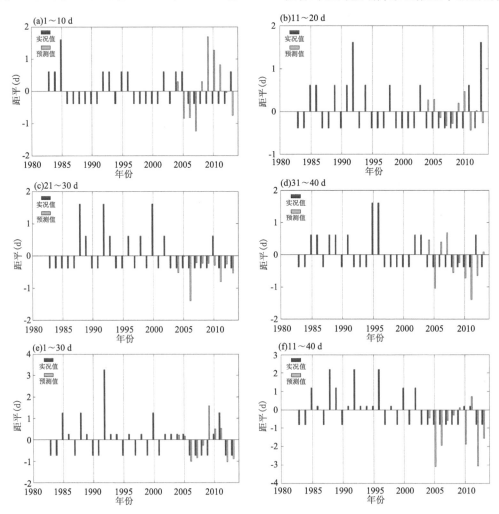

图 5.15　2004—2013 年贵阳站极端降水日数距平的实况值与预测值(固定时段预测模型)

率分别为 4/10、3/10、9/10、5/10、9/10 和 8/10,其中 21～30 d、1～30 d 和 11～40 d 时段内的预测与实况趋势较为一致,表明固定时段建模对极端降水日数异常具有较好的预测能力。

　　为了检验预测因子的稳定性,进一步讨论 500 hPa 高度场异常年际信号对贵阳站极端降水日数异常的预测能力,对相应时段的预测模型进行滑动建模(图 5.16),即利用 1983—2003 年、1984—2004 年……1992—2012 年时段建立逐步回归预测模型,分别对 2004—2013 年逐年的贵阳站极端降水日数距平进行预测,结果表明 2004—2013 年 10 年间预测同号率分别为 5/10、5/10、5/10、5/10、6/10 和 6/10,其预测值和实况值的一致性较固定时段建模有所降低,表明建模时段的选取对年际信号的提取具有一定的影响。

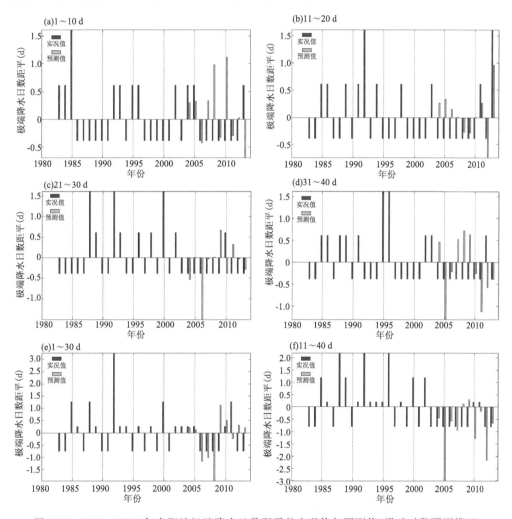

图 5.16　2004—2013 年贵阳站极端降水日数距平的实况值与预测值(滑动时段预测模型)

　　对比分析固定时段(1983—2003 年)建模和滑动时段(1983—2003 年至 1992—2012 年)建模分别对逐年 2004—2013 年各时段内极端降水日数的预测结果(表 5.6)。从同号率来看,固定时段建模的预测结果与实况较为一致,尤其 21～30 d、1～30 d 和 11～40 d 时段(分别为 9/10、9/10 和 8/10);结合相关系数,固定时段建模的 1～30 d 时段内的月尺度预测值与实况值的相关性一致、较高(0.45),过 0.05 显著性水平检验,11～40 d 时段内的月尺度预测值与实况值的相关性次之,其余旬内的预测值与实况值的相关性较低或相反。注意到各时段的统计值中同号率越高,其相关系数并不一定为正,且越高,这与相关系数的算法有关,它与同号率一样反映预测值与实况值之间的趋势一致性,但同时它还反映二者间趋势异常的振幅一致性,样本数过少对相关系数能反映的真实性具有很大影响,因此,在样本较少的预测检验业务中主要以同号率为参考依据。

表 5.6　贵州省各时段内极端降水日数距平的固定时段建模和滑动时段建模的预测检验统计

预测时段	预测结果(固定时段建模)		预测结果(滑动时段建模)	
	同号率	相关系数	同号率	相关系数
1~10 d	4/10	−0.352	5/10	−0.180
11~20 d	3/10	−0.474	5/10	0.716
21~30 d	9/10	0.135	5/10	−0.128
31~40 d	5/10	−0.177	5/10	−0.205
1~30 d	9/10	0.451	6/10	0.225
11~40 d	8/10	0.251	6/10	0.084

5.3　MODES 预测性能评估

MODES 从 2012 年开始应用在业务预报中,主要是利用 ECMWF、NCEP、东京气候中心(TCC)和中国气象局国家气候中心(NCC)4 个气候业务单位提供的月预测模式输出场(表5.7)作为数据基础。在业务应用中,MODES 将 4 种模式数据统一处理成水平分辨率为 2.5°×2.5°的 NetCDF 格式数据。MODES 主要针对中高层环流场和风场、中低层气温场进行降尺度。

表 5.7　国家气候中心 MODES 现有业务气候模式数据

机构	模式	预测时间长度	业务应用起始时间	模式数据原始分辨率
ECMWF	System4	7 个月	2011 年	1.5°×1.5°
NECP	CFS V2	9 个月	2011 年	1°×1°
TCC	MRI-CGCM	3~7 个月	2009 年	2.5°×2.5°
NCC	CGCM V1	11 个月	2005 年	2.5°×2.5°

5.3.1　MODES 对贵州省月气温、降水预测效果评估

对比 2013 年 1 月至 2015 年 6 月国家级发布的 MODES 最优月预测产品与贵州省 85 站月平均气温距平、降水量距平百分率实况(图 5.17)可以发现,分析时段内气温预测与实况的相关系数为 0.24,距平同号率为 65.5%,表明 MODES 对贵州省月平均气温有较好的预报。进一步统计发现,预报和实况的距平同正率为 75.0%、同负率为 44.4%,说明 MODES 对贵州气温偏高预测的可参考性高于其对气温偏低的预测。相比于气温,研究时段内 MODES 月降水量的趋势预测与观测值的相关系数仅为 −0.15,二者同号率为 44.8%,其中同正率为52.99%、同负率为 33.3%。表明相比于气温,MODES 对降水预测能力较弱,参考性也相对

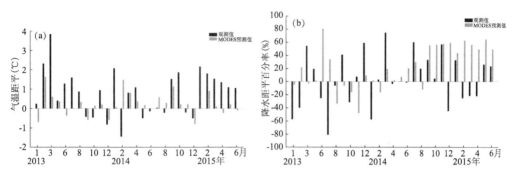

图 5.17　2013 年 1 月至 2015 年 6 月贵州省月平均要素实况和 MODES 预报
(a)气温距平;(b)降水量距平百分率

较低,其中对贵州全省平均降水偏多趋势的预测技巧要优于其对全省平均偏少的预报技巧。

进一步统计了评估时段内贵州省 85 站月气温距平和降水量距平百分率实况与 MODES 预测间同号率、同正率和同负率的空间分布情况(图 5.18)。可以看出,气温同号率高的地区主要位于贵州省西部、北部和东部地区,数值可达 60% 以上,尤其在六盘水市北部、黔西南州西部和黔东南州东部地区,同号率达 70% 以上,其余地区均在 60% 以下,在贵阳市东南部和黔

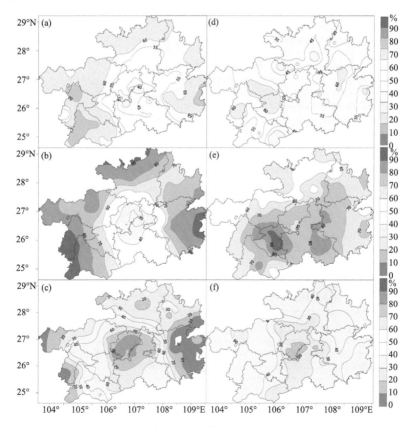

图 5.18　2013 年 1 月至 2015 年 6 月贵州省月平均气温、降水实况与 MODES 预报的空间分布图
((a)和(d)为同号率、(b)和(e)为同正率、(c)和(f)为同负率)
(左侧:气温距平;右侧:降水量距平百分率)

南州中部地区同号率低于 45%。在实况气温偏暖情况下预报也偏暖的同正率明显优于同号率,在贵州省西部、北部和东部地区均超过 60%,局部达 80% 以上。和同正率相反,同负率较高的地区位于贵州省中部,数值可达 60% 以上,局部达 80% 以上。降水同号率的空间分布除贵州省中部以西和以东的部分地区达 60% 以上外,其余大部地区均在 50% 左右。和同号率相比,同正率除在贵州省西北部和北部边缘地区较低外,其余大部地区均在 60% 以上,尤其是安顺大部和黔南州东部地区达 80%。但降水预报和实况的同负率明显偏低,仅在西部局地达 60%,其余大部地区均在 50% 左右及以下。图 5.18 的结果和图 5.17 相近,表明 MODES 对贵州省降水预测总体效果不如气温,但对贵州省西部、北部和东部地区气温偏高和中部地区气温偏低的预测效果较好。

进一步挑选分析时段内月平均气温、降水 MODES 预测产品 Ps 评分最高和最低的 3 个时次作为典型预报个例分析,以判断其预测得失的原因。气温 Ps 评分最高的 3 个月分别是 2013 年 5 月、2014 年 9 月和 2015 年 2 月,其 Ps 评分分别为 96.3、98.7 和 100.0。在这三个月中,MODES 气温预测与实况趋势非常一致,均表现为全省大部地区一致偏高(图略)。但对于超过 1℃ 以上的气温正距平,MODES 预测区域和实况并不是很一致,尤其是 2013 年 5 月,一级异常预报站数为 0,说明 MODES 预测主要依赖于其趋势项。而在气温 Ps 评分最低的三个月中(分别为 2013 年 1 月、2013 年 6 月和 2014 年 2 月,其 Ps 评分分别为 45.5、35.0 和 0.0)(表 5.8),MODES 月平均气温的预测趋势与实况几乎相反,实况表现为全省大部地区偏高、偏高和偏低,而 MODES 预测趋势为全省大部地区偏低、偏低和偏高,进一步说明 MODES 对贵州省预测主要依赖于其对正负距平趋势的预测。

同样挑选 MODES 预测产品在分析时段内月降水预测 Ps 评分最高和最低的 3 个月作为典型月份分析。其中降水 Ps 最高的三个月为 2014 年 7 月、2014 年 11 月和 2015 年 5 月,对应的 Ps 评分分别为 90.0、98.3 和 90.7。在这三个月中,MODES 月降水量距平趋势预测与实况总体一致,均表现为全省大部地区偏多,距平正负趋势预测准确站数分别为 82%、100% 和 74%,但降水偏多偏少 2 成以上的异常级预测得分均不高,预测准确站数分别占总站数的 32%、40% 和 28%。在降水预报 Ps 评分最低的三个月中(分别是 2014 年 12 月、2015 年 2 月和 2015 年 3 月,Ps 评分分别为 20.2、46.0 和 43.0,表 5.8),贵州省 85 站的预测与实况距平基本相反,实况表现为全省大部地区偏少,而 MODES 预测趋势为全省大部地区偏多,距平符号预测准确率分别为 7%、20% 和 19%,进一步说明 MODES 预测评分主要依赖于其距平符号准确与否。

表 5.8　贵州省 MODES 月气温、降水预测 Ps 评分三个最低年预报与实况对比表

时间	气温			降水		
(年-月)	2013-1	2013-6	2014-2	2014-12	2015-2	2015-3
实况	全省大部偏暖	全省偏暖	全省偏冷	全省大部偏少	全省大部偏少	全省大部偏少
预报	全省偏冷	全省偏冷	全省偏暖	全省偏多	全省偏多	全省偏多
Ps 评分	45.4	35.0	0.0	20.2	46.0	43.0

通过上述典型气温、降水预报 Ps 高分和低分的例子并结合图 5.17 可以发现,MODES 预测全省气温一致性偏低的准确率要明显低于其预测全省一致性偏高的准确率,此时需要基于

其他预测手段进一步分析。而 MODES 对全省降水预测一致性偏多的可参考性低于气温。

5.3.2 MODES 与预报员预报质量对比评估

目前我国的气候预测主要采用动力统计相结合的方法(李维京,2012),预报员在最终发布预报时需要综合考虑模式或模式释用等客观化产品和下垫面等物理因子的前兆影响。对比分析研究时段内 MODES 与贵州省预报员综合预报的 Ps 评分(图 5.19)可见,MODES 预报月平均气温距平和降水量距平百分率平均分分别为 72.1 分和 69.4 分,均较预报员综合预报 Ps 评分高(对应分别为 69.8 分和 63.0 分),其中降水的优势更为明显。同时,MODES 气温和降水 Ps 评分的均方差分别为 21.9 分和 17.6 分,均小于预报员综合预报评分的均方差(对应分别为 25.6 分和 20.1 分),表明 MODES 预测不仅效果好于预报员综合预报,而且预报性能更为稳定。从二者的差值对比来看(图略),MODES 对气温预报评分优于预报员的月份占 51.7%,且对气温偏低的趋势预测把握更好,对降水预报评分优于预报员的月份占 58.6%,且对降水偏多的趋势预测把握较预报员级更好。

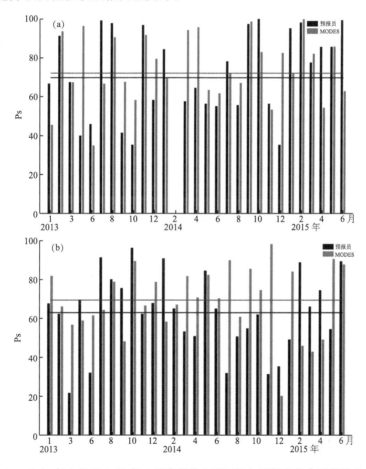

图 5.19 2013 年 1 月至 2015 年 6 月贵州省 MODES 与预报员综合预报的 Ps 评分
(a)气温距平;(b)降水量距平百分率

5.4　MODES 气候模式产品在贵州省月气温、降水预测中的应用

由于东京气候中心（TCC）的模式资料缺失比较严重，因此只对 ECMWF、NCEP 和中国气象局国家气候中心（NCC）三家模式资料的模式输出场进行气温和降水月尺度预测性能评估。MODES 中，首先分别对各个模式数据利用各种降尺度方法进行处理，而目前国家局向省级单位推广的降尺度方法为 BP-CCA 方法（贾小龙 等，2010）。BP-CCA 又称 EOF-CCA，是一种同时考虑现象和成因特征的预测方法，该方法首先对预报量和预报因子场分别进行 EOF 分析，利用预报量和预报因子场的主分量进行典型相关，而后进行建模和预测（刘长征 等，2013）BP-CCA 方法中预报因子主要选取东亚 500 hPa 位势高度和东亚 SLP，因此每一种模式产品就有两个预测结果，而三种模式产品就有六个预测结果。

5.4.1　6 种模式产品的 Pc 评分的空间分布

距平符号一致率 Pc 法是判定预测趋势正确与否的评估方法。Pc 越接近 1，表明模式预测趋势越准确。利用 6 种模式资料 48 期（2012 年 1 月至 2015 年 12 月 48 期）月预测产品进行 Pc 评分，从图 5.20 的检验结果来看，ECMWF BP-CCA H500_EA 方法的气温 Pc 评分在贵州省东部较高，而在西南部 Pc 评分较差，而该方法的降水 Pc 评分在南部较高，而在北部 Pc 评分较差；ECMWF BP-CCA SLP_EA 方法的气温 Pc 评分在贵州省的东部和北部较高，而在西部和南部较低，而该方法的降水 Pc 评分在东北部和南部较高，尤其是在南部边缘地区，其 Pc 评分在 70 分以上，而在中部和西部较低；NCC BP-CCA H500_EA 方法的气温 Pc 评分在贵州省

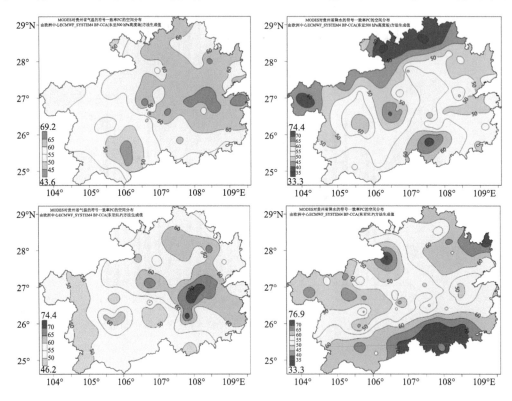

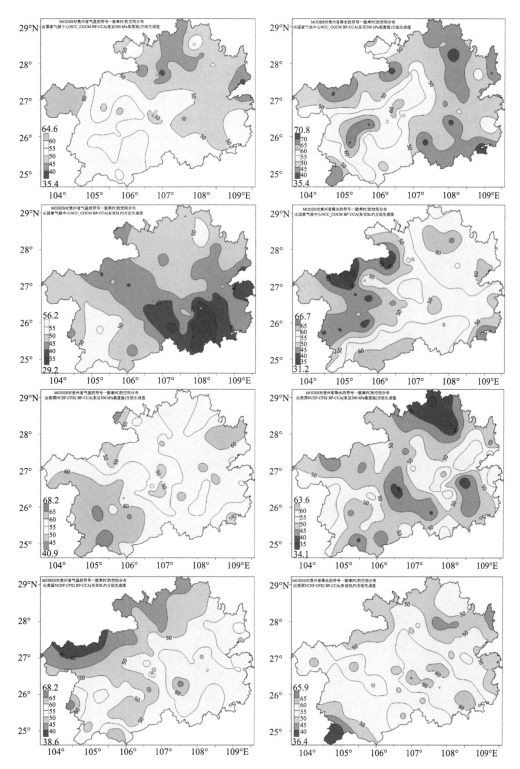

图 5.20　贵州省 6 种模式 48 期预测产品的 Pc 评分的空间分布

（左边为气温，右边为降水）

西部较高,而在中部以东地区 Pc 评分较差,而该方法的降水 Pc 评分在中部和西部较高,而在北部和东部地区 Pc 评分较差;NCC BP-CCA SLP_EA 方法的气温 Pc 评分在整个贵州省都较低,而该方法的降水 Pc 评分在东部和南部边缘地区较高,而在中部和西部较低;NCEP BP-CCA H500_EA 方法的气温 Pc 评分在贵州省大部地区都较高,而该方法的降水 Pc 评分在贵州省大部地区都较低;NCEP BP-CCA SLP_EA 方法的气温 Pc 评分在贵州省的东南部较高,而在西部和北部较低,而该方法的降水 Pc 评分在中部一带地区较高,而在其他地区较低。

从三种模式数据的 Pc 评分对比来看,ECMWF 的模式产品的预测性能较 NCC 和 NCEP 来说相对较高,NCC 的模式产品对气温预测性能相对最低,而 NCEP 的模式产品的对降水预测性能相对最低。

5.4.2　等权平均方案的释用效果

等权平均即利用 6 种模式产品的预报结果进行简单的算术平均,进而得到 48 期预测回算结果,利用 Pc 评分法对回算结果进行评估得到 Pc 评分的空间分布(图 5.21)以及等权平均方案和 6 种模式产品的 Pc 评分平均值对比图(图 5.22)。

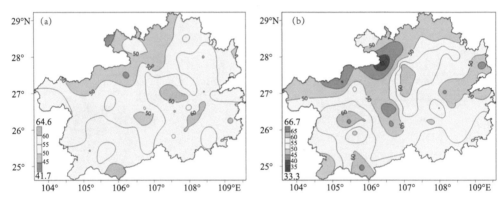

图 5.21　贵州省等权平均方案 Pc 评分的空间分布
(a)气温,(b)降水

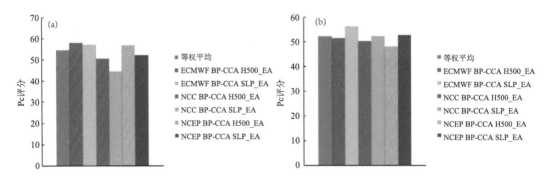

图 5.22　贵州省等权平均方案以及 6 种模式产品的 Pc 评分平均值
(a)气温,(b)降水

从图 5.21 可以看出,等权平均方案的气温 Pc 评分在贵州省的南部预测效果相对较好,其 Pc 评分在 55 分以上,部分站点达 60 分以上,而在省的北部地区较差。降水方面,等权平均方案的降水 Pc 评分相对气温来说,预测效果较差,其 Pc 评分在省的西部大部地区、南部边缘地区以及中部部分预测效果相对较好,其 Pc 评分在 55 分以上,部分站点达 60 分以上,而在贵州省的北部地区较差。

从 48 期回算的 Pc 评分平均值来看(图 5.22),等权平均方案的气温 Pc 评分平均值为 54.5 分,介于其他 6 个模式产品的 Pc 评分平均值之间,其中 NCC BP-CCA SLP_EA 方法 Pc 评分平均值最低,只有 44.6,而 ECMWF 模式产品的两种方法以及 NCEP BP-CCA H500_EA 方法 Pc 评分平均值相对较高,但都在 60 分以下。降水方面,等权平均方案的气温 Pc 评分平均值为 52.3 分,介于其他 6 个模式产品的 Pc 评分平均值之间,其中 NCEP BP-CCA H500_EA 方法 Pc 评分平均值最低,只有 48.1,而 ECMWF BP-CCA SLP_EA 方法 Pc 评分平均值最高,为 56.3,但都在 60 分以下。

5.4.3 最优方案的释用效果

利用 6 种模式产品的 Pc 评分的空间分布图(图 5.20),选择单站 Pc 评分效果最好的模式产品进行月预测,进而得到 48 期预测回算结果,利用 Pc 评分法对回算结果进行评分得到了最优方案 Pc 评分的空间分布(图 5.23)以及最优方案和 6 种模式产品的 Pc 评分平均值(图 5.24)。

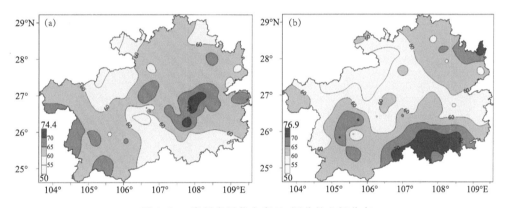

图 5.23 贵州省最优方案 Pc 评分的空间分布
(a)气温,(b)降水

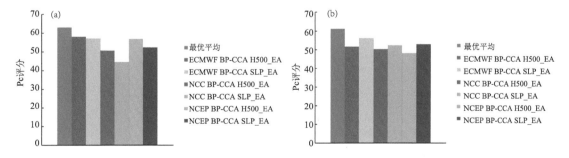

图 5.24 贵州省最优方案以及 6 种模式产品的 Pc 评分平均值
(a)气温,(b)降水

从图 5.23 可以看出,最优方案的气温 Pc 评分在贵州省的西南部、北部以及东部地区预测效果较好,尤其在黔东南北部地区预测效果最好,其 Pc 评分在 65 分以上,部分站点达 70 分以上。降水方面,最优方案的降水 Pc 评分在贵州省的南部、东北部地区预测效果较好,尤其在省的南部地区预测效果最好,其 Pc 评分在 65 分以上,部分站点达 70 分以上。无论是的气温还是降水,最优方案的 Pc 评分都高于等权平均方案的 Pc 评分。

从 48 期回算的 Pc 评分平均值来看(图 5.24),最优方案的气温 Pc 评分平均值为 63.1 分,高于其他 6 个模式产品的 Pc 评分平均值,并且高于等权平均方案的平均分 8.6 分。降水方面,最优方案的气温 Pc 评分平均值为 61.4 分,高于其他 6 个模式产品的 Pc 评分平均值,并且高于等权平均方案的平均分 9.1 分。

利用 Pc 评分方法对省级发布的月气候预测产品进行评估,并将评分结果与最优方案的结果进行对比分析,结果显示(表 5.9):无论是气温还是降水,最优方案的 Pc 评分都高于省级发布的月气候预测产品的 Pc 评分,其中气温的 Pc 评分偏高 5.5 分,而降水偏高 9.4 分。因此,利用最优方案可以有效地提高 MODES 对贵州省气温和降水的预测能力。

表 5.9　贵州省省级发布月气候预测产品和最优方案 Pc 评分对比

月气候预测产品	气温	降水
省级发布	57.6	52.0
最优方案	63.1	61.4

第6章

贵州省气候预测系统建设

在全球变暖背景下,气候越来越多变,气象灾害的时空分布特征正在发生重大变化,气象防灾减灾的形势越来越严峻;建设生态文明和资源节约型、环境友好型社会,实现人与自然和谐发展对气候工作提出了更广泛的要求。随着经济发展和社会进步,对气候服务提出了全方位、多层次、专业化的需求,对发展现代气候业务提出了新的更高要求。要求大力发展现代气候业务,加强气候异常性与极端性的监测,增强监测产品的科学性;提高气候预测准确率,增加气候预测产品的可靠性;提高气象灾害风险管理能力,增强防灾减灾的有效性。本章通过加强在气候变化背景下气候预测的科学研究和模式解释应用,建立气候预测系统,有效提升预测能力,从而不断提高服务水平,以防范日益加剧的气象灾害和适应日趋严峻的气候变化。本章研究成果系统性地对近十年贵州省延伸期预报、短期气候预测研究成果进行梳理和提炼,形成贵州省气候预测系统建设的关键技术和方法,包括气候诊断技术方法、多模式产品集成预测方法、动力—统计降尺度预测方法,同时引入机器学习技术、加强模式预测产品在延伸期预报方面的研究及应用,最后对预报/预测结果进行科学、客观的检验评估,建立了"贵州短期气候预测信息挖掘系统 V1.0""基于 DERF2.0 的延伸期智能解释应用系统V1.0"和"DERF2.0 模式预测应用及检验平台 V1.0",形成专业化、客观化的气候预测技术体系。

6.1 贵州省气候预测信息挖掘系统

气候是复杂的自然科学问题,气候诊断和预测既需要采用有效的数学工具,更离不开专业知识。例如,当某问题归结为采用数学上的一个计算方法后,数学上往往有多个解,这就需要运用专业知识选取合理的解,对数学方法结果的解释和表达也依赖专业知识。用统计方法作气象要素的分析和预报是依据大量的气象观测资料来进行的。从概率论或统计学的观点来看,某个气象要素及其变化可看成一个变量(或随机变量),它的全体在概率论中称为总体,而把收集到的该要素的资料称为样本。依据统计学方法利用数据挖掘技术对样本进行分析来估计和推测总体的规律性就是本节所要介绍的内容。气象中单个或多个要素可看成统计学中单个或多个变量。近年来,随着短期气候预测理论研究的发展和观测事实的不断揭示,物理因子的分析受到极大重视,如利用海温、西太平洋副高特征量、中纬度西风环流指数等开展气候诊断分析,在此基础上建立具有一定物理意义的因子预测模型等。但单一的物理因子或者特征量虽然能揭示一定的物理意义,但对于预测来说,既需要了解单一的物理因子对贵州气候的影响,也需要掌握多个因子多个系统相互作用的因素,利用数据挖掘能很好地得到不同条件下多个因子的综合影响,得到基于各个台站作为预报对象的精细化气候预测模型。

6.1.1 系统简介

本系统是将 CIPAS 系统中用 NetCDF、GRIB1/2、二进制等多种格式存储和应用的 NCEP 再分析资料、DERF2.0、EC 等模式资料进行转换,在充分分析理解数据的基础上,整合、检查数据,进行数据清理,去除错误或不一致的数据后建立用于数据挖掘的数据库,并利用视图、游标、存储过程以及函数等对数据合理优化和资料重组,以数据库方式存储和应用,基于数据库技术,实现实况和模式场资料的时空扩展,动态实现不同时空尺度的预测对象和自定义环流指数的自动计算,将预测对象和预测因子点线面结合实现不同时空尺度上的相关、相似和合成分析。根据相关性、符号一致率或者用户自定义的方式系统实现关键因子、关键区域和关键时段的选取,简化和批量实现各类预测图形的制作和预测信息提取。应用数据挖掘方法,提取出隐含在海陆气中可能现在影响过程尚不清楚、但又是潜在有用信息,应用于预测业务。其总体的数据流程如图 6.1 所示。

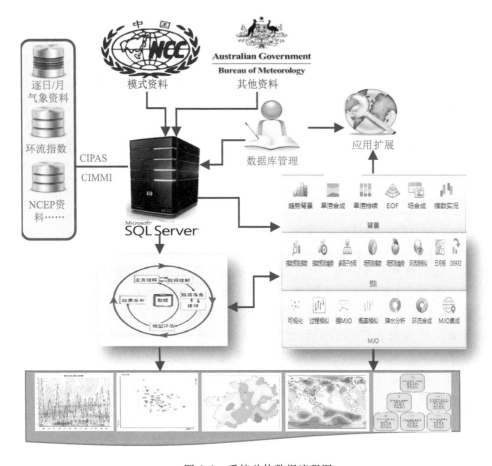

图 6.1 系统总体数据流程图

系统功能主要包括数据处理、气候预测、预测工具、模式链接和其他五个功能模块,系统依托完整可靠的整体设计,实现系统集成与测试,使系统能彼此协调工作,达到整体性能最优(图6.2)。数据处理部分是系统运行的基础,本系统所需要资料包括 NCEP 逐日、逐周、逐月的再分析资料;MODES 提供的 EC、CFS2、CSM 三种模式预测资料;基础气象数据(气温、降水);MJO 实况(采用澳大利亚指数)和模式预测(采用 NCC 的预测结果);NCC 提供的 140 项环流指数以及积雪指数。针对以上数据的处理,系统主要分为下载资料、资料入库和数据扩展三个方面。气候预测部分是系统的主体,分为背景分析、预测(趋势和过程)以及和 MJO 应用三大部分。预测工具部分是为预测过程中方便画图,提高工作效率而提供的实用工具,包括重现期计算、批量绘图、定制绘图以及数据检验、拟合。模式链接收集整理了常用的月、季等模式预测及著名组织、机构的网络链接以及一些集成地址。其他部分包括了预测评分及区域设定。区域设定可将系统中预测区域设定为本省、区域、流域和全国台站。

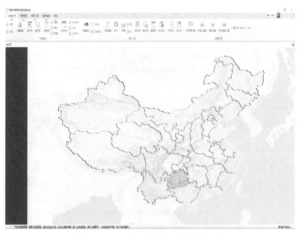

图 6.2 系统总体功能结构图

系统配置与管理主要采用系统选择与修改配置文件相结合的方式,需要配置和管理的内容和结构如图 6.3 所示。

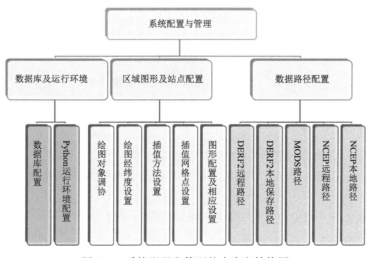

图 6.3 系统配置和管理的内容和结构图

本系统数据管理及更新主要包括所需要的气温、降水、环流指数、NCEP再分析场、模式预报场以及各类数据的扩展(图6.4)。数据更新方式包括内外网通过网页直接读取以及FTP下载等,数据的类型包括了文本、二进制、数据库、NetCDF。NetCDF数据的处理主要通过Python完成。

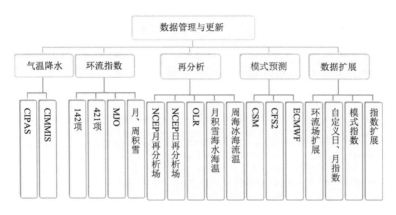

图 6.4　系统数据管理与更新结构图

预测信息挖掘主要功能包括实现作为预测对象的任意选择时段内区域内从点到面的气温降水以及主要环流系统的背景统计分析及其"关键场、关键区域、关键指数、关键时段"等预测信息的挖掘,实现相关、相似、合成等信息的可视化,实现指数预测趋势、指数预测指数、环流场(包括再分析场和模式预测场)预测环流指数、环流场预测趋势以及DERF2.0模式的解释应用、MJO的解释应用和日月相概率(图6.5)。

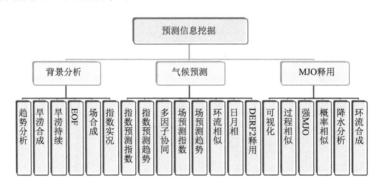

图 6.5　预测信息挖掘系统主要功能结构图

6.1.2　系统运行网络环境

(1)主要采用C/S架构,安全性主要依托于数据库系统的权限管理。

(2)支持各个子系统内部以及子系统之间正常数据交互所要求的数据接口规范及操作接口规范。

(3)遵循气象部分项目建设标准,满足气象部门的行业规范。

6.1.2.1　硬件环境配置

本系统的硬件环境如下:

(1)客户端:普通 PC 或工作站;

CPU:酷睿 i5 四核及以上;

内存:8 GB 以上;

分辨率:推荐使用 1920×1080;

(2)数据库服务器:工作站或服务器;

CPU:酷睿 i5 四核及以上;

内存:16 GB 以上。

6.1.2.2　软件运行与开发环境配置

(1)软件运行环境。

操作系统:Windows 7/8/10/Windows2008/2012;

数据库:SQL Server 2014/2016;

网络协议:支持 Transmission Control Protocol/Internet Protocol v4(TCP/IP v4)的局域网环境,能够访问气象局内网和互联网;

屏幕分辨率:自适应,建议 1920×1280;

(2)软件开发环境。

操作系统:Windows 7/8/10;

数据库:SQL Server 2014/2016;

编程平台:Delphi、Python、T-SQL;

屏幕分辨率:自适应,建议 1920×1280。

6.2　DERF2.0 延伸期智能解释应用系统

致力解决短期气候预测人员在使用动力延伸预报(DERF2.0)时工作重复、效率低下以及解释应用方法单一的问题,为开发针对本地区域的降尺度解释应用产品,充分结合动力延伸预报模式提供的各种物理量预测产品和台站历史数据,借助机器学习技术,是一个有效、可行、并有迫切需求的途径。编写本用户手册即是提供机器学习在 DERF2.0 解释应用方面的功能操作说明,使用户能够通过阅读该手册,深入了解系统,并能快速、高效地操作使用该系统,为防灾减灾和提高预测准确率提供更好的服务。

6.2.1　系统简介

如图 6.6 所示,系统主界面包括工具栏、条件设置栏、可视化区域三个部分。工具栏主要是对图形和数据进行操作,条件设置栏对可视化内容进行设置,可视化区域包括三个部分,“数据列表”数据窗口,主要是显示 K-Means 聚类和相似度结果等;“模式解读”则是模式直接解读的可视化及相关系数等客观化分析参数;“释用结果”是将得到的相似年趋势、过程结果、K-Means 不同类的结果以及不同释用方法得到的客观化结果可视化。启动后可视化区域默认为图形遮挡,需要执行操作后方显现。

系统主要是 DERF2.0 的解释应用,包括气温、降水趋势和降水、降温过程的释用。释用的方法包括了非参数百分位映射法、基于匹配域投影技术的本地化统计降尺度等模式释用方法以及采用 K-Means 聚类算法、相似度计算的协同过滤算法等机器学习技术。释用要素包括

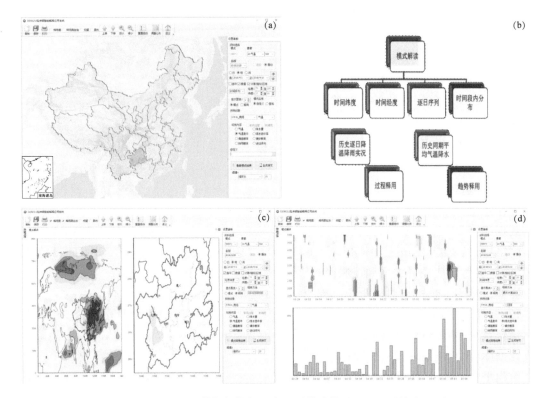

图 6.6　DERF2.0 的延伸期智能解释应用系统功能界面(a),系统流程图(b),
贵州省气温趋势预报模块(c)和贵阳逐日降水过程预报模块(d)

DERF2.0 提供的全要素,可视化内容包括时间序列、分时间－纬度和时间－经度剖面和不同时间段的分布显示。趋势和过程的预测从点到面包括模式的直接应用和解释应用结果。模式的直接应用是直接解读所选日期所选要素的 DERF2.0 模式资料,模式解释应用是将解读的结果与根据 1983—2012 年所选日期同天预测的模式资料进行不同释用方法后得到客观化预测结果。可视化的类型分为时间序列图、时间纬度、时间经度、逐日分布、K-Means 聚类和相似度六种图表类型。逐日序列,是根据设置的区域范围对模式资料每天进行平均、距平等方式处理;时间纬度,是将模式资料在区域范围内经向平均;时间经度,是将模式资料在区域范围内纬向平均;逐日分布,是根据选择的时间范围,得到模式资料的全球分布,时间选择可以是单独一天,也可以是模式预测范围内的任意时间平均;K-Means 聚类表是选择时段的 DERF2.0 资料在统计年限内进行聚类分析结果;相似表是将 DERF2.0 预测时段的每一天以及插值到站点后的逐日序列基于欧式距离、皮尔逊相关度、曼哈顿距离等相似计算方法集合得到的相似分析结果。本系统就是在以上研究内容基础上开发的基于 C/S(客户端/服务器)架构的业务系统,该系统可移植到各省(市、区)业务应用。

6.2.2　系统运行网络环境

(1)主要采用 C/S 架构,安全性主要依托于数据库系统的权限管理。

(2)遵循气象部分项目建设标准,满足气象部门的行业规范。

6.2.3　硬件环境配置

(1)数据库服务器:工作站或服务器;

CPU:酷睿 i5 四核及以上;

内存:16 GB 以上;

(2)客户端:普通 PC 或工作站;

CPU:酷睿 i5 四核及以上;

内存:8 GB 以上;

分辨率:推荐使用 1920×1080。

6.2.4　软件运行与开发环境配置

(1)软件运行环境:

操作系统:Windows 7/8/10/Windows2008/2012;

数据库:SQL Server 2016/2017;

网络协议:支持 Transmission Control Protocol/Internet Protocol v4(TCP/IP v4)的局域网环境,能够访问气象局内网和互联网;

屏幕分辨率:自适应,建议 1920×1280。

(2)软件开发环境:

操作系统:Windows 8/10;

数据库:SQL Server 2016/2017;

编程平台:Delphi、Python、T—SQL;

屏幕分辨率:自适应,建议 1920×1280。

6.3　DERF2.0模式预测应用及检验平台

6.3.1　系统简介

本系统在现代气候预测业务的基础上,基于第二代月动力延伸模式 DERF2.0 的逐日滚动预测数据和 CIMISS 系统中的观测数据,利用距平相关系数 ACC、平均方差技巧评分 MSSS、距平符号一致率 R 和短期气候预测业务 Ps 评分 4 种方法对任意起报日期预测下个月的气温和降水进行综合检验和评估。开展了任意起报日期对未来 52 d 内任意时段的气温和降水的趋势预测、未来 52 d 气温和降水过程预报。最终形成了先检验后预报的模式预测应用及检验平台(图 6.7)。其总体的数据流程如图 6.8a 所示。

本系统在现代气候预测业务的基础上,按预报思路及系统的总体数据流程进行了各项功能的设计。系统的总体的数据流程和总体功能结构如图 6.8 所示。主要功能分为数据存储及参数设置模块、模式检验和评估模块、气候趋势预测模块和过程预报模块。

数据存储及参数设置模块的功能主要包括对 DERF2.0 模式数据的存储、归档、数据缺失检查等,系统在运行过程中对模式数据的存放、插值结果、站点数据存放、评分结果及过程预报

图 6.7　DERF2.0 模式预测应用及检验平台的功能界面

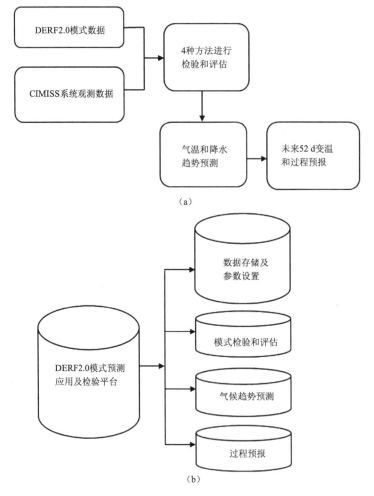

图 6.8　系统的总体数据流程图(a)和总体功能结构图(b)

等功能的路径设置,以及 CIMISS 观测资料提取。CIMISS 观测资料提取需要对服务器 IP 地址、用户名和密码进行设置。

系统最核心的功能和模块为模式检验和评估、气候趋势预测和过程预报。这三个模块的功能配置及管理结构如图 6.9 所示。

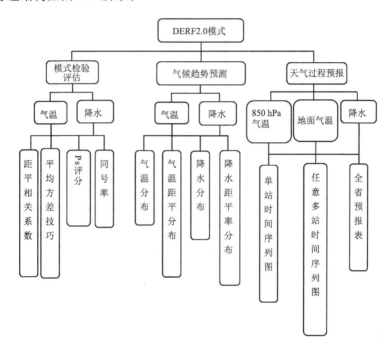

图 6.9　系统检验及预报配置及模块管理结构图

模式检验和评估模块分别对气温和降水进行距平相关系数 ACC、平均方差技巧评分 MSSS、距平符号一致率 R 和趋势异常综合评分 Ps 检验和评估。趋势预测模块对未来 52 d 内的任意时段进行趋势预测,其中气温进行气温分布和气温距平分布预测,降水进行降水量预测和降水量距平百分率预测。趋势预测功能对历年同期预测也进行了计算,结果以空间分布图、数据视图和统计图的形式展示。预报员可对历年的预报进行检索和分析。过程预报模块开展了 850 hPa 气温、地面气温和降水量的未来 52 d 过程预报。结果以单站或是任意多站点平均的时间序列图和全省数据表的形式展示。

数据管理主要包括 DERF2.0 模式数据和观测数据的管理。其中模式数据管理分为历史数据管理和实时下载数据管理。历史数据为 1983—2013 年的回算数据(由国家气候中心提供)。数据的归档和更新主要包括实时模式数据的逐日滚动归档、整理,CIMISS 系统下载观测数据的更新,以及计算过程中的各种结果的存放和路径管理。具体的实时数据管理和更新如图 6.10 所示。设置完成后,系统将根据路径,在模式检验和评估模块、趋势预测模块和过程预报模块中提取相应数据,计算完成后存放在相应的位置。

6.3.2　系统运行网络环境

(1)系统采用了 C/S 架构,CIMISS 观测资料提取需要对服务器 IP 地址设置、用户名及密码进行设置,且密码采用"＊"形式显示。

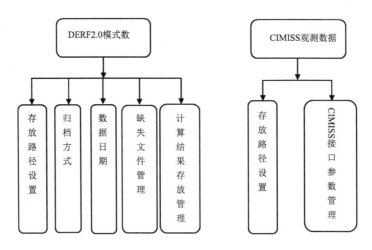

图 6.10　实时数据的归档和更新管理结构图

（2）DERF2.0模式数据按中国气象局要求统一下载到服务器，系统采用归档更新及文件数目检查模块连接服务器，确保数据的安全性。

（3）系统遵循气象部门项目建设标准，满足气象部门的行业规范。

6.3.3　硬件环境配置

客户端：64 位普通 PC 机。

CPU 酷睿 i5 四核以上配置，内存 3 G 以上。分辨率为 1440×900，或 1440×900 双屏显示。

6.3.4　软件运行与开发环境配置

操作系统：Windows7/Windows8/Windows10；

运行环境：NET framework 4.6.1；

数据库：sqlite 数据引擎；

网络协议：支持 Transmission Control Protocol/Internet Protocol v4（TCP/IP v4）的局域网环境，能够访问气象局内网和互联网

编程平台：C♯、Matlab、Python、Surfer。

第7章

气候变化背景下降水对滑坡地质灾害的影响

近 100 年来,以全球变暖为主要特征的全球气候发生了重大变化,其变化幅度已经超出了地球本身自然变动的范围,全球气候变暖不仅增加了地球表面的温度,促进了水循环变化,而且增加了地表水分的蒸发,使得降水加剧;更为值得关注的是导致如厄尔尼诺、拉尼娜现象等极端天气气候事件的发生频率发生变化。研究表明:气温每升高 1℃将导致大气含水量增加约 7%,将会导致大气中水分不断增加,区域性和局地的极端气候增多(高杨 等,2017),而强降水是地质灾害的主要诱发因素(魏丽 等,2007;陈洪凯 等,2012),因此气候变化增加了地质灾害的发生风险。利用国际耦合模式比较计划第五阶段(CMIP5)的模式结果对贵州省未来不同情景下降水进行预估分析发现,21 世纪中期以后,三种排放情景下贵州省降水基本上呈现偏多态势,且偏多幅度大体呈现自西向东增加,增加了该地区地质灾害的发生风险,因此有必要对贵州省县级、地州级以及不同地质区的降雨型滑坡临界雨量阈值模型进行分析,从而有力推进贵州省气象灾害风险管理工作。

7.1 贵州省未来降水变化的趋势预估

国际耦合模式比较计划第五阶段(CMIP5)的模式结果为 IPCC 第五次评估报告提供了基础支撑。相对于 CMIP3,CMIP5 模式改进了空间分辨率、参数化方案、耦合器技术等,部分模式还考虑了碳氮循环过程和动态植被等(Taylor et al,2012)。排放情景方面,CMIP5 模式也引入了新一代的温室气体排放情景,即典型浓度路径(RCP)情景,主要包括 RCP8.5、RCP6.0、RCP4.5、RCP2.6 四大类(Moss et al,2010;Vuuren et al,2011)。前三个情景大体与 2000 年排放方案(SRES)中的 SRESA2(高)、A1B(中)和 B1(低)相对应,而 RCP2.6 情景是把全球平均气温上升限制在 2℃以内,其中 21 世纪后半叶能源应用为负排放(《云南未来 10~30 年气候变化预估及其影响评估报告》编写委员会,2014)。

从预估结果来看,2006—2100 年降水的变化趋势较小,但波动性较大,且不同浓度情景下差异较大,但总体上表现为弱的增加(图 7.1)。具体来讲,2050 年以前,RCP4.5 和 RCP2.6 情景下,贵州省年平均降水缓慢增加,而 RCP8.5 情景下降水略有减少。2050 年以后,RCP2.6 情景下,贵州省年平均降水没有呈现出明显的变化趋势,RCP4.5 情景下,降水增加继续变缓,而 RCP8.5 情景下降水表现出明显的增加趋势,到了 21 世纪末降水增加接近 15%。如表 7.1 所示,在 RCP8.5、RCP4.5 和 RCP2.6 情景下,2006—2100 年贵州省降水变化的线性趋势分别为 1.0%/10 a、0.9%/10 a 和 0.6%/10 a。

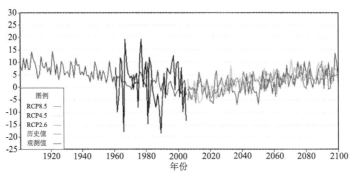

图 7.1　1961—2005 年实测的贵州省降水变化曲线、1901—2005 年模拟的贵州省降水变化曲线以及 2006—2100 年不同 RCP 情景下预估的贵州省降水变化(单位:%,相对于 1986—2005 年)

表 7.1　不同 RCP 情景下 2006—2100 年贵州省气温和降水变化的线性趋势(相对于 1986—2005 年)

RCP	降水(%/10 a)
8.5	1.0
4.5	0.9
2.6	0.6

相对于基准期 1986—2005 年,不同 RCP 情景下 21 世纪不同时期内贵州省降水变化的空间分布情况如图 7.2 所示。对于年平均降水变化的空间分布,21 世纪早期、中期、末期在 RCP8.5、

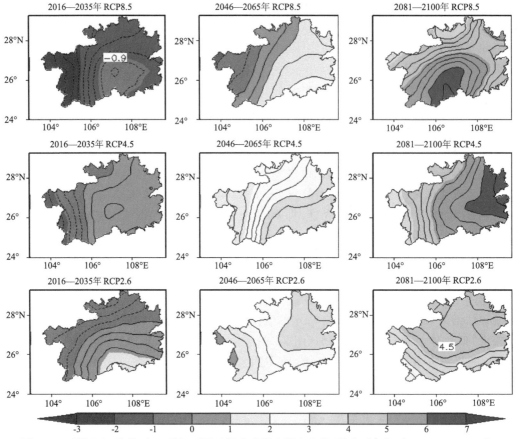

图 7.2　不同 RCP 情景下 21 世纪不同时期内贵州省降水变化(单位:%,相对于 1986—2005 年)

RCP4.5、RCP2.6 情景下贵州省表现出明显的区域性差异。21 世纪早期,RCP8.5 情景下相对于基准期降水在全省均是偏少,偏少幅度在 3% 以内;在 RCP4.5 情景下相对于基准期贵州省西部降水偏少,中东部降水偏多,变化幅度基本上在 1% 以内;而 RCP2.6 情景下呈现西北部偏少、东南部偏多,变化幅度基本上也是 1% 以内。21 世纪中期,三种排放情景下贵州省降水基本上呈现偏多态势,RCP8.5、RCP4.5 和 RCP2.6 三种情景下贵州省年平均降水分别偏多 0~3%、1%~4% 和 0~4%,且偏多幅度大体呈现自西向东增加。21 世纪末期,RCP8.5 和 RCP2.6 情景下贵州省降水相对于基准期偏多幅度自北向南增加,而 RCP4.5 情景下偏多幅度自西向东增加,偏多幅度以 3%~5%,部分地区在 5% 以上,但不超过 7%。另外,21 世纪早期、中期和末期相对于基准期在三种情景下全省平均降水将减少 1.4% 至增加 0.2%、增加 1.0%~2.8% 以及增加 4.2%~5.4%(表 7.2)。

表 7.2　不同 RCP 情景下 21 世纪不同时期贵州省降水变化(单位:%,相对于 1986—2005 年)

RCP	21 世纪早期 2016—2035 年	21 世纪中期 2046—2065 年	21 世纪末期 2081—2100 年
8.5	−1.4	1.0	5.2
4.5	0.2	2.8	5.4
2.6	0.2	2.7	4.2

7.2　石阡县滑坡临界雨量阈值模型

降水是滑坡这一地质灾害发生的主要诱导因素,可以说降水尤其是降雨强度大的降水或者历时时间较长的降水与滑坡灾害的发生有着紧密的联系。这是因为,降雨的发生一方面增加了土壤的含水量,另一方面降低了岩土自身的物理性能,从而改变斜坡周边的土壤条件,导致斜坡稳固性降低,从而发生滑坡(陈洪凯 等,2012)。降雨诱发的滑坡和泥石流因触发机制具有发生时间短且大多发生在夜间的特点,每年都会给人民的生命和财产造成巨大的损失,因此研究降雨型滑坡发生的临界雨量再结合气象部门的临近预报日益成为目前滑坡预报工作的有效途径。目前确定诱发滑坡的降雨阈值的研究一方面是通过基于边坡稳固性分析的力学方法进行确定,另一方面是基于滑坡发生时的降雨数据建立统计预报模型的分析方法来确定(Guzzetti et al,2007)。由于经验型降雨阈值不需要严格的数学推导和物理规律,是一种基于滑坡发生时的降雨数据的统计模型,因降水数据客观易得,因此相对于边坡稳固性分析的力学方法而言,经验型降雨阈值发展较为成熟。

2010 年以来石阡共发生 18 起由于强降水导致的滑坡(表 7.3 和图 7.3)。根据滑坡发生点的经纬度坐标信息,选取滑坡发生点最近的区域气象站或气象观测站(图 7.3)小时雨量数据作为滑坡临界雨量研究的基础数据。

表 7.3　石阡县滑坡事件统计表

序号	日期(年-月-日)	地点	灾害级别	直接经济损失(万元)	潜在经济损失(万元)	气象站站名
1	2010-05-31	石阡县汤山镇亚新村茶耳岩	中型	45		r6809
2	2014-05-25	石阡县龙塘镇川岩坝村大土林组	中型	450	900	r6816

续表

序号	日期 (年-月-日)	地点	灾害级别	直接经济 损失(万元)	潜在经济 损失(万元)	气象站站名
3	2014-06-02	石阡县汤山镇香树园村	中型			r6811
4	2014-06-04	石阡县汤山镇北塔廉住房	大型	2000	2000	57734
5	2014-06-04	石阡县汤山镇金庄村金庄	中型	150	250	r6818
6	2014-06-04	石阡县大沙坝乡任家寨村王家坡	中型	160	240	r6814
7	2014-06-04	石阡县龙塘镇核桃湾村甘家寨	中型	100	890	r6816
8	2014-06-04	石阡县汤山镇亚新村茶耳岩	中型	160	220	r0683
9	2014-06-04	石阡县汤山镇亚新村亚敖	小型	10	1400	r0683
10	2014-06-04	石阡县汤山镇银丰村小家坡	小型	120	300	r6812
11	2014-06-04	石阡县汤山镇金庄村瓦厂沟	小型	10	140	r6812
12	2014-06-04	石阡县枫香乡明星村青杠林	小型	40	180	r6815
13	2014-06-04	石阡县大沙坝乡鲁家寨大树湾	小型		320	r6725
14	2014-06-04	石阡县大沙坝乡鲁家寨刘家坡	小型	40	400	r6722
15	2014-06-04	石阡县枫香乡明星村沟里头	小型		70	r6815
16	2014-06-04	石阡县大沙坝乡任家寨勾家坡	小型		100	r6817
17	2014-06-04	石阡县白沙镇大岩村袁家湾	小型		350	r6808
18	2014-06-04	石阡县五德镇杉木岭村庙嘴	小型		170	r6803

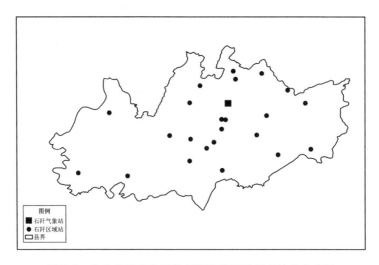

图 7.3　贵州省石阡县气象观测站及区域气象站的分布图

7.2.1　降雨类型分析

　　利用石阡县 18 起滑坡事件对应的逐小时降水资料,分析其滑坡发生前 48 h 至滑坡发生当日降水类型。降雨型滑坡的降水类型根据降雨峰值的形态可划分成 2 种类型(潘华利 等,2012),即尖峰型(降水强度出现一个或多个峰值)和波动降水型(降水强度较均匀,其峰值不明显），其中尖峰型又分为单峰型、双峰型和多峰型。石阡县 18 起降雨型滑坡的降水类型都属于尖峰型降水，可以说这 18 起均属于降雨型滑坡事件。图 7.4 和图 7.5 给出了石阡县 2 种尖峰型的逐小时降雨量度情况。可以看出，这 2 次滑坡的降雨特征具有相同点，也存在不同之处。对于贵州省石阡县 2014 年 5 月 25 日滑坡点对应 R6818 站的雨量过程线来说，前期 48 h 降水量很小，甚至没有降水，但在滑坡发生当日，雨量过程线存在明显的峰值，即降雨量突然增大，而其他时间降雨量较小，此种降雨类型为尖峰型中的单峰型。有研究表明，引起泥石流滑坡等地质灾害发生的暴雨类型主要是以尖峰型为主（麻土华 等，2011；章国材，2014）。这是因为，比较均匀的强降雨整体降雨量很大，但不能使滑坡产生破坏，此类滑坡的启动关键需要达到一定的降雨量度。而对于石阡县 2014 年 6 月 4 日这次滑坡来说，前期 48 h 降水量较大（69.6 mm），达到大雨量级，并且滑坡当日的雨量过程线也同样存在明显的峰值（最大小时雨量为 100.1 mm）。因此在这一次的降水过程中，出现了多个峰值，一个出现在滑坡发生之前，一个在滑坡暴发期，这也是导致 2014 年 6 月 4 日发生大型滑坡事件的原因。

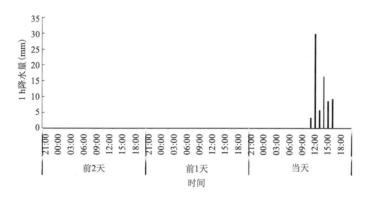

图 7.4　单峰型降水（贵州省石阡县 2014 年 5 月 25 日滑坡点对应 R6818 站逐小时降水量时间序列）

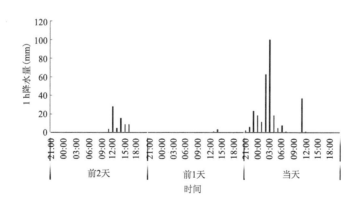

图 7.5　双峰型降水（贵州省石阡县 2014 年 6 月 4 日滑坡点对应 57734 站逐小时降水量时间序列）

7.2.2　降雨强度、历时分析

利用石阡县 18 起滑坡发生点对应的逐小时降水资料，统计滑坡发生前 48 h 至滑坡发生当日小时雨量大于 10 mm 和 20 mm 的降雨的历时情况（图 7.6 和图 7.7）。可以看出，对于石阡县这 18 次滑坡来说（图 7.6），小时雨量大于 10 mm 和 20 mm 的降雨都主要集中在滑坡发生当天,不同的是历时不同。滑坡发生当日小时雨量大于 10 mm 的历时为 2～8 h,平均历时为 4.8 h,而滑坡发生当天小时雨量大于 20 mm 的历时为 0～5 h,这表明在前期累积降水量较大的情况下,后期降雨强度虽然小于 20 mm/h,但大于 10 mm/h 的情况下也有可能发生滑坡。可以看出,造成石阡县的 18 起滑坡具有强降雨历时较短,且主要集中在滑坡发生当日的特点,且激发雨量大于 10 mm/h。因此,可以将小时雨量大于 10 mm/h 作为石阡县滑坡暴发的必要条件,即当小时雨量大于 10 mm/h 时,石阡县才有可能发生滑坡地质灾害。

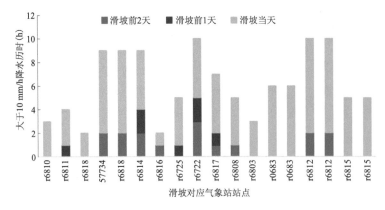

图 7.6　滑坡前期 48 h 至滑坡当天各气象站小时雨量大于 10 mm 降水的历时统计结果

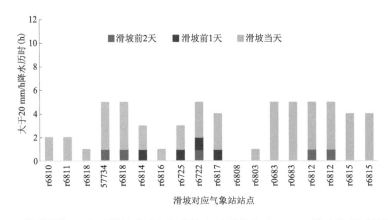

图 7.7　滑坡前期 48 h 至滑坡当天各气象站小时雨量大于 20 mm 降水的历时统计结果

7.2.3　降雨型滑坡预报模型的建立

由于下垫面因素的复杂性,基于边坡稳定性分析的力学方法尚未成熟,但多数人认为滑坡的暴发与短时强降水以及前期有雨量都有着密切的联系(丁继新 等,2006)。因此,在现在区域气象站雨量资料丰富的情况下,以滑坡暴发与当日 1 h 最大雨量、3 h 最大雨量与 24 h 雨量和前期 3 d 雨量两两组合确定不同时效的临界雨量阈值,对于滑坡预报具有一定的实际意义。这种方法可以借助气象台的临近天气预报,对滑坡的发生和发展做出提前的预报,有效地起到防御气象灾害风险的作用。

前期有效雨量 R 是指滑坡暴发前对含水状况仍起作用的降雨量,它受时空的变化、辐射强度、蒸发量以及土壤渗透能力等多种因素的影响,为了正确表示含水率的实际情况,可采用下式:

$$R_n = R_0 + K R_1 + K^2 R_2 + K^3 R_3 + \cdots + K^n R_n (n = 0, 1, 2, \cdots, n) \tag{7.1}$$

因为这 18 次滑坡存在强降雨历时都较短的相似性,所以将这 18 次滑坡样本结合在一起进行统计分析,同时选取石阡县对应时间段内未发生滑坡降水样本进行统计分析。具体方法是以滑坡发生当日 24 h 雨量(或前期 3 d 雨量)作为横坐标,以当日 1 h 最大雨量(或 3 h 最大雨量)作为纵坐标,将发生滑坡和未发生滑坡的两组数据以不同的类型标注上,以发生滑坡的最低雨量为基值,以数据整体分布趋势为斜率做出警戒临界雨量线;以未发生滑坡的最大雨量点为基值,以数据整体分布趋势为斜率做出避难临界雨量线,从而建立滑坡发生的 24 h 雨量(或前期 3 d 雨量)与 1 h 最大雨量(或 3 h 最大雨量)的预报模型。根据石阡县区域气象站、气象台站的逐小时降水数据,运用上述方法制作出预报模型图,见图 7.8 和图 7.9。其中临界线 1 和临界线 2 之间的区域是两组数据的落区。以预报模型为依据,根据不同的前期雨量条件对预报级别进行界定,即得到 3 个级别的预警阈值,分别为Ⅲ级预警(警戒临界线以下)、Ⅱ级预警(警戒临界线与避难临界线之间)和Ⅰ级预警(避难临界线之上)。对比之前的研究,这种方法的优点是可以根据前期有效雨量或者是前期 1 小时(3 小时)最大雨强的大小,结合气象台的临近天气预报,来确定未来滑坡发生的可能性大小,从而对滑坡的发生和发展做出

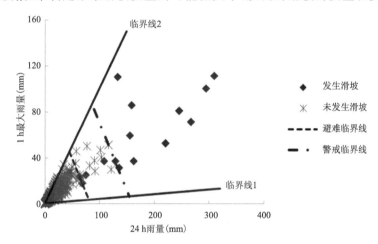

图 7.8　发生滑坡的 24 h 雨量与 1 h 最大雨量的预报模型

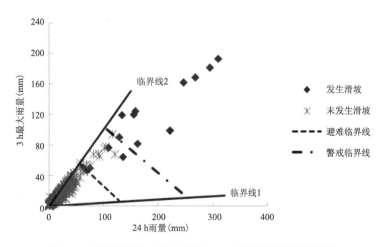

图 7.9　发生滑坡的 24 h 雨量与 3 h 最大雨量的预报模型

提前的预报。表 7.4 给出了不同的 24 h 雨量对应的 1 h 最大雨量的预警预报值(对应的 3 h 最大雨量的预警预报值省略),可作为各级预报的参考值。从预报值来看,24 h 雨量与 1 h 最大雨量呈反相关关系,即当 24 h 雨量越大,激发滑坡发生所需的 1 h 最大雨量越小,而 24 h 雨量越小,1 h 最大雨量越大。

从已经发生地质灾害的调查实例来看,最大雨量出现到灾害的暴发一般至少有 0.5～2 h 的时间间隔(韦京莲 等,1994),如果预警信息能在这个时间间隔内发布,就能起到防灾减灾的目的。

表 7.4　24 h 雨量与 1 h 最大雨量的预警预报值(单位:mm)

预警等级	$R_{24}=50$	$R_{24}=100$	$R_{24}=120$
Ⅲ级预警	$2.1<R_1<39.5$	不能出现	不能出现
Ⅱ级预警	$39.5 \leqslant R_1 \leqslant 50$	$4.2 \leqslant R_1 \leqslant 70.7$	$5 \leqslant R_1 \leqslant 46.9$
Ⅰ级预警	不能出现	$100>R_1>70.7$	$120>R_1>46.9$

图 7.10 和图 7.11 建立的是前期 3 d 的雨量与 1 h 最大雨量和 3 h 最大雨量的预报模型,表 7.5 给出的是前期 3 d 雨量与 3 h 最大雨量的预警预报值。从预警预报值来看,3 h 最大雨量与前期 3 d 雨量也呈反相关关系。这是因为前期土壤含水量多,发生滑坡的激发雨量就低

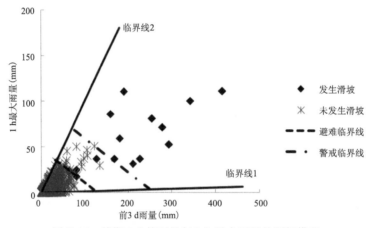

图 7.10　前期 3 d 的雨量与 1 h 最大雨量的预报模型

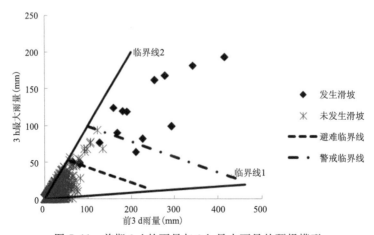

图 7.11　前期 3 d 的雨量与 3 h 最大雨量的预报模型

表 7.5　前期 3 d 雨量与 3 h 最大雨量的预警预报值(单位:mm)

预警等级	$R_{3d}=80$	$R_{3d}=100$	$R_{3d}=200$
Ⅲ级预警	$1.1<R_3<46.9$	$1.4<R_3<39.8$	$2.8<R_3<22$
Ⅱ级预警	$46.9\leqslant R_3\leqslant 80$	$39.8\leqslant R_3\leqslant 98.6$	$22\leqslant R_3\leqslant 77.9$
Ⅰ级预警	不能出现	$100>R_3>98.6$	$200>R_3>77.9$

一些,反之,如果前期土壤含水量少,激发滑坡的雨量就高一些。滑坡预报模型的建立,需要多次滑坡的降水数据进行叠加计算,这样子得到的预警预报值客观准确,所以,在以后的工作中需要我们不断更新滑坡灾害的数据库,得到更为准确和客观的预警预报值,从而及时发现险情、及时发出预警,起到防灾减灾、气象保障服务工作的作用,从而有力地推进贵州省气象灾害风险管理工作。

7.3　铜仁地区滑坡临界雨量阈值模型

　　贵州省铜仁市处于云贵高原向湘西丘陵过渡的斜坡地带,西北高,东南低,属于武陵山区腹地,全市最高海拔 2572 m,最低海拔 205 m,地貌以低中山丘陵为主,其次为高中山和河谷盆地,本区地貌条件在很大程度上受地质构造控制。铜仁地区降雨充沛,年降水量在 1250 mm 左右,其中 4—9 月降水量占全年降水总量 70% 以上。研究表明(谢仁波 等,2011):近 40 a 铜仁大部分地区年雨量呈增多趋势,雨日呈现显著减少趋势,说明降水越来越集中,强度在增加。由于降水强度的增加,导致极端降水事件不断发生,加上铜仁地区的地形地貌从而引发地质灾害的不断发生。根据国土部门提供的贵州省地质灾害易发分区图(图 7.12)来看,铜仁地区大部地区属于高易发区。

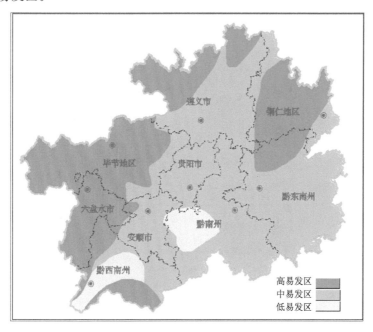

图 7.12　贵州省地质灾害易发分区图

考虑到区域气象站的建站时间,我们选取了 2010—2014 年以来铜仁高易发区发生的 61 个由于强降水导致的滑坡样本(图 7.13),利用滑坡发生点最近的县气象站或区域气象站逐小时雨量资料,对引发滑坡的降雨类型进行了分析,同时对比分析了 5—9 月未发生滑坡与发生滑坡的降雨量样本,通过统计的方式确定出滑坡和未发生滑坡的雨量判别线,得出市州级发生滑坡的有效雨量和激发雨量判别方程。利用 24 h 雨量和激发雨量预报就可以及时发出滑坡预警,在地质灾害防御中起到重要作用。

图 7.13　铜仁地区滑坡发生点对应的气象观测站和区域气象站的分布图

7.3.1　降雨类型和有效雨量分析

利用滑坡发生点附近的区域气象站逐小时降水资料,分析滑坡发生前 2 d 至滑坡发生当日降水类型。铜仁地区这 61 次滑坡的降水类型可以划分成 4 种类型,即单峰型、双峰型、多峰型和波动降水型。对于单峰型降水(图 7.14)来说,前期降水量很小(降水量小于 10 mm),但在滑坡发生当日的雨量过程线(滑坡发生当日的前一天 21 时至滑坡发生当日 20 时这一时段的逐小时降水量)存在明显的峰值,滑坡发生前降雨量突然增大出现尖峰。对于双峰型降水来说,前期降水量相对较大(一般 24 h 降水量大于 25 mm),且雨量过程线存在一个峰值;在滑坡发生当日,雨量过程线出现更加明显的峰值。例如,石阡县 2014 年 6 月 4 日(图 7.15)这次滑坡,前 2 d 降水量较大(69.6 mm),并且雨量过程线出现明显的峰值;滑坡发生当日降雨量更大,滑坡前 1 h 最大降雨量达 100.1 mm,导致 2014 年 6 月 4 日石阡县发生大型滑坡事件。第三种是多峰型降水,滑坡前期至滑坡发生当日,雨量过程线存在 3 个以上的峰值的降水(图 7.16)。第四种是波动型降水,滑坡前期至滑坡发生当日,雨量过程线的峰值均小于前 3 种降水类型,降水强度波动且降水历时较长、累积降水量大(图 7.17)。表 7.6 给出了铜仁地区引发滑坡 4 种降水类型的出现频次。从表 7.6 中可以看出,对于 2010 年以来铜仁地区 5—9 月这 61 次滑坡来说,降水类型以双峰型为主,单峰型次之,而波动型降水最少。虽然波动降水型出现次数少,但它揭示出如下一个现象:如果前期累积雨量大,激发雨量不是很大也可以诱发滑坡。这是因为前期降雨下渗后减小了滑坡体与岩石之间的摩擦力,使得边坡的稳定度减小了的缘故。因此,在临界雨量模型中必须包括有效雨量,对于铜仁地区 5—9 月份,有效雨量的累积雨量日数为 3 d。

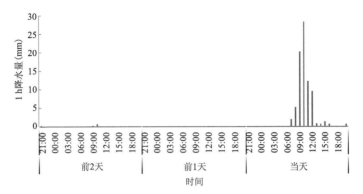

图 7.14　单峰型降水(贵州石阡县 2010 年 5 月 31 日滑坡点对应 R6810 站逐小时降水量时间序列)

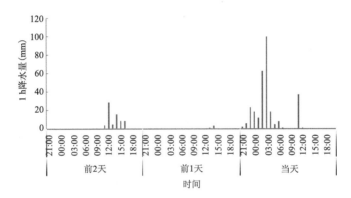

图 7.15　双峰型降水(贵州石阡县 2014 年 6 月 4 日滑坡点对应 57734 站逐小时降水量时间序列)

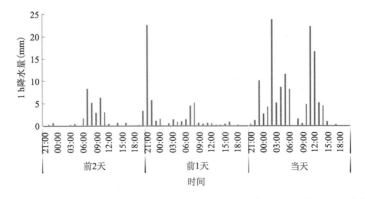

图 7.16　多峰型降水(贵州松桃县 2012 年 7 月 18 日滑坡点对应 R6219 站逐小时降水量时间序列)

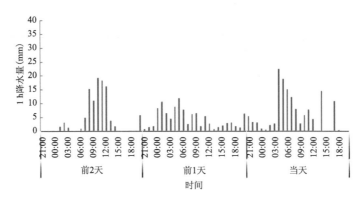

图 7.17 波动型降水(贵州松桃县 2014 年 7 月 15 日滑坡点对应 R6620 站逐小时降水量时间序列)

表 7.6 铜仁地区 61 次滑坡降水类型统计表

类型	单峰型	双峰型	多峰型	波动型
次数(次)	15	28	16	2
所占比例(%)	24.6	45.9	26.2	3.3

7.3.2 降雨强度历时和激发雨量分析

利用滑坡发生点对应气象(区域)站逐小时降水资料,统计滑坡发生前 2 d 至滑坡发生当日每天大于 10 mm/h 和 20 mm/h 的降雨的历时(图 7.18 和图 7.19)。从图中可以看出,对于铜仁地区这 61 次滑坡来说,大于 10 mm/h 降雨主要集中在滑坡发生当天,滑坡发生当天大于 10 mm/h 降雨历时为 2~7 h,平均为 3 h;滑坡发生前期 3 d 内大于 10 mm/h 降雨历时为 2~ 14 h;同样的,大于 20 mm/h 降雨也集中在滑坡发生当天,滑坡发生当天大于 20 mm/h 降雨历时为 0~5 h,这说明在前期累积降水较大,降雨强度小于 20 mm/h(但必须大于 10 mm/h)时也可能发生滑坡;滑坡发生前期 3 d 内大于 20 mm/h 降雨历时为 0~8 h。可以看出,滑坡对应的强降雨历时都较短,强降雨主要集中在滑坡发生当天,且激发雨量大于 10 mm/h,平均历时 3 h。因此,可以将小时雨量大于 10 mm/h 作为铜仁地区 5—9 月滑坡的起报条件,即小时雨量大于 10 mm/h 时,铜仁地区才有可能发生滑坡。

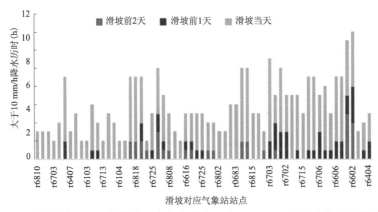

图 7.18 滑坡前期 2 d 至滑坡当天各气象站每天大于 10 mm/h 降水的历时统计结果

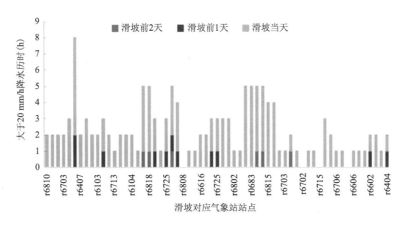

图 7.19　滑坡前期 2 d 至滑坡当天各气象站每天大于 20 mm/h 降水的历时统计结果

7.3.3　滑坡临界雨量预报模型的建立

在以上定性分析的基础上,我们来建立定量的滑坡临界雨量模型。多数人认为滑坡的暴发与当日 1 h 最大雨量、3 h 最大雨量、24 h 雨量以及前期雨量都有着密切的联系(Chang et al,2009;王迎春 等,2003;丁继新 等,2006;马力 等,2003;李秀珍 等,2003)。但是,多长时效的有效雨量和激发雨量的组合最适合铜仁地区 5—9 月的滑坡预报?根据上节的分析,本节设计 4 种组合,见表 7.7。

表 7.7　不同时效有效雨量与激发雨量的组合

不同时效	激发雨量时效为 1 h	激发雨量时效为 3 h
有效雨量时效为 1 d	组合一	组合二
有效雨量时效为 3 d	组合三	组合四

以有效雨量为横坐标、激发雨量为纵坐标制作四种有效雨量与激发雨量组合下的点聚图。以发生滑坡最小激发雨量作为基值,挑选出铜仁地区 2010 年至 2014 年 5—9 月份中任何一个区域气象站 1 h 降雨量大于基值的日期,在每一种组合中,根据它们的前期有效雨量和最大激发雨量,在点聚图中用▲或■标注出现滑坡、用※标注未出现滑坡。可以得到四张点聚图,这里仅给出 3d 有效雨量与滑坡当日最大 3 h 雨量、1d 有效雨量与滑坡当日 3 h 最大雨量两张点聚图(图 7.20,图 7.21)。

由于滑坡可能造成人员伤亡,因此滑坡预报应当贯彻"宁可空报,不可漏报"的原则,以点聚图中数据整体分布趋势绘制临界雨量判别线,确定判别线公式的原则是最大限度地区分发生滑坡和未发生滑坡,从而得到每种有效雨量与激发雨量组合下滑坡临界雨量公式如下:

滑坡当日 1 h 最大雨量与滑坡当日 24 h 雨量组合确定的滑坡判别线公式为

$$\begin{cases} R_{1h\_max} \geqslant -1.18 \times R_{24h} + 98.512(\text{当 } R_{24h} \leqslant 68.4) \\ R_{1h\_max} \geqslant 17.8(\text{当 } R_{24h} > 68.4) \end{cases} \tag{7.2}$$

滑坡当日 3 h 最大雨量与滑坡当日 24 h 雨量组合的滑坡判别线的公式为

$$\begin{cases} R_{3h\_max} \geqslant -0.7343 \times R_{24h} + 96.552(\text{当 } R_{24h} \leqslant 78) \\ R_{3h\_max} \geqslant 39.5(\text{当 } R_{24h} > 78) \end{cases} \tag{7.3}$$

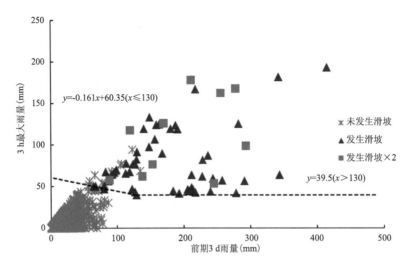

图 7.20　滑坡前 3 d 累积雨量与滑坡当日 3 h 最大雨量点聚图(注：▲表示一个区域气象站降水对应一个滑坡样本，■表示一个区域气象站降水对应两个滑坡样本)

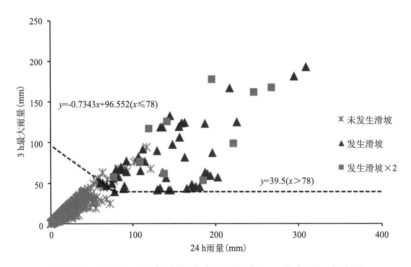

图 7.21　同图 7.20,但为滑坡当日雨量与 3 h 最大雨量点聚图

滑坡当日 1 h 最大雨量与滑坡发生前 3 d 累积雨量组合的滑坡判别线的公式为

$$\begin{cases} R_{1h\_max} \geqslant -0.3708 \times R_{2d} + 47.825(当 R_{3d} \leqslant 81) \\ R_{1h\_max} \geqslant 17.8(当 R_{3d} > 81) \end{cases} \tag{7.4}$$

滑坡当日 3 h 最大雨量与滑坡发生前 3 d 累积雨量组合的滑坡判别线的公式为

$$\begin{cases} R_{3h\_max} \geqslant -0.161 \times R_{3d} + 60.35(当 R_{3d} \leqslant 130) \\ R_{3h\_max} \geqslant 39.5(当 R_{3d} > 130) \end{cases} \tag{7.5}$$

式中,R_{1h_max}、R_{3h_max}、R_{24h} 和 R_{3d} 分别表示滑坡当日 1 h 最大雨量、滑坡当日 3 h 最大雨量、滑坡当日 24 h 雨量和滑坡前 3 d(包括当天)累积雨量。

由于建模时遵从"宁可空报,不可漏报"的原则,因此式(7.2)~(7.5)的滑坡临界雨量模型不存在漏报率。根据滑坡判别线式(7.2)~(7.5),容易计算每种情况下发生滑坡和未发生滑坡的次数,从而计算出式(7.2)~(7.5)的临界成功指数以及空报率,见表 7.8。从表 7.8 可以看出,滑坡前期 3 d 累积雨量与滑坡当日 3 h 最大雨量组合的临界成功指数最大,空报率最小;滑坡发生当日 24 h 雨量与滑坡发生当日 3 h 最大雨量组合的临界成功指数也高于另外两种雨量组合,因此将 3 h 最大雨量作为滑坡发生的激发雨量比 1 h 最大雨量作为滑坡的激发雨量更为合理的。

表 7.8　不同有效雨量与激发雨量组合的临界雨量模型的拟合结果统计表

有效雨量与激发雨量组合	24 h 雨量与当日 1 h 最大雨量	24 h 雨量与当日 3 h 最大雨量	3 d 雨量与当日 1 h 最大雨量	3 d 雨量与当日 3 h 最大雨量
拟合总次数(次)	96	92	112	90
空报次数(次)	35	31	51	29
拟合正确次数(次)	61	61	61	61
临界成功指数(%)	63.5	66.3	54.4	67.8
空报率(%)	36.5	33.7	45.6	32.2

注:临界成功指数=拟合正确次数/拟合总次数,空报率=空报次数/拟合总次数。

就铜仁地区滑坡而言,利用建立的滑坡临界雨量模型和 24 h 雨量预报(3 d 有效雨量中前 2 d 是降雨实况)及 3 h 最大雨量预报就可以及时发出滑坡预警。从已经发生地质灾害的调查实例来看,最大雨量出现到滑坡的暴发一般至少有 0.5~2 h 的时间间隔(韦京莲 等,1994),因此,即使是临近预报出 3 h 降雨量,也可以提前预报滑坡,能够在地质灾害防御中起到重要作用,从而有力地推进气象灾害风险管理工作。

7.3.4　滑坡临界雨量预报模型的检验评估

针对已经确定的滑坡临界雨量预报模型进行检验评估,由于降水预报准确率会影响临界雨量评估,因此,本评估不考虑预报因素,而是采用实际雨量监测值进行质量评估。具体采用以下标准进行准确性的判定:

(1)滑坡评估和实际发生情况不一致,则滑坡降水临界雨量不准确;

(2)滑坡评估和实际一致,即发生滑坡,则滑坡降水临界雨量准确。

利用 2015 年铜仁地区新增滑坡信息(表 7.9)进行检验评估。根据滑坡发生时间,统计前期有效雨量和触发雨量,根据已经确定的滑坡临界雨量标准,评估滑坡是否发生。从图 7.22 和图 7.23 可以看出,2015 年新增的滑坡点的前期 3 d 雨量(当日 24 h 雨量)与 3 h 最大雨量点聚图(红圆点)均在滑坡判别线以内,因此评估这 4 次滑坡发生,而实际这 4 次滑坡均发生,则评估准确。

表 7.9　2015 年铜仁地区新增滑坡信息

时间(年-月-日)	地点
2015-05-14	江口县梵净山麓沿线
2015-07-15	松桃县妙隘乡澜田村陶家
2015-07-15	松桃县盘石镇响水洞村三组
2015-08-17	松桃县寨英镇茶子湾村

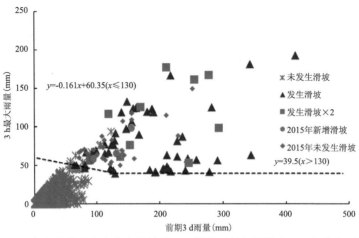

图 7.22　2015 年新增滑坡和未发生滑坡前 3 d 累积雨量与滑坡当日 3 h 最大雨量点聚图

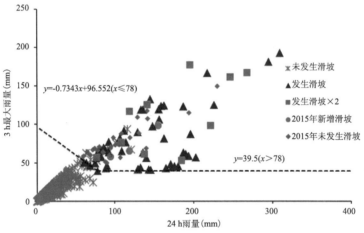

图 7.23　同图 7.22,但为当日雨量与 3 h 最大雨量点聚图

利用贵州省实际雨量监测资料,统计出铜仁地区滑坡隐患点未发生滑坡的前期 3 d 雨量(当日 24 h 雨量)与 3 h 最大雨量点聚图(图 7.22 和图 7.23),共计 27 次(蓝色点)。这 27 个点均在滑坡判别线以内,因此评估这 27 次滑坡发生,但实际未发生滑坡,则评估错误。结合 2015 年铜仁地区实际发生滑坡和未发生滑坡的实际情况以及,统计出已确定的滑坡临界雨量阈值的平均准确率(表 7.10),即评估正确次数除以评估总次数。从表中可以看出,2 种有效雨量与激发雨量组合确定的滑坡临界雨量阈值的平均准确率均为 13%,较之前统计出的临界成功指数(%)均偏低很多。这可能是因为国土部门对隐患点进行了工程治理等因素所造成。

表 7.10　2015 年铜仁地区滑坡临界雨量阈值准确率统计表

有效雨量与激发雨量组合	24 h 雨量与当日 3 h 最大雨量	3 d 雨量与当日 3 h 最大雨量
评估总次数	31	31
评估正确次数	4	4
评估错误次数	27	27
准确率(%)	13	13

7.4　遵义市不同地质灾害易发区滑坡临界雨量阈值模型

遵义市位于贵州省北部,处于云贵高原向湖南丘陵和四川盆地过渡的斜坡地带,地形起伏大,地貌类型复杂,海拔高度一般在 $800\sim1300$ m,在全国地势第二级阶梯上。遵义市属亚热带季风气候,每年 4 月,当来自孟加拉湾和印度洋的西南气流北上致使水汽大量增加,遵义市中到大雨天气常常出现,于 4 月中旬前后进入雨季。遵义市地区降雨充沛,年降水量为1084 mm,其中汛期(4—9 月)降水量占全年总量 77% 以上。进入雨季后,随着强降水事件的频繁发生,对岩土体不断进行冲蚀,迫使斜坡失稳诱发滑坡发生。从贵州省地质灾害易发分区图来看,遵义市西北部和北部地区属于高易发区,而其他地区属于中易发区。陈洪凯等(2012)认为不同的地质条件、不同的滑坡类型其临界雨量也有所不同,这是因为滑坡可以按照岩土性质、滑动面深度和滑坡体积大小分为不同类别的滑坡,其降雨阈值也有所不同。上述关于滑坡临界雨量的研究大多都基于某一种类型,对同一个地区不同地质条件下滑坡临界雨量的研究却很少。不同等级的地质条件下,其降雨型滑坡致灾临界雨量是不同的,简单地说,高易发区的致灾临界雨量低于不易发生区的致灾临界雨量,因此需要在不同的地质区建立不同致灾临界雨量的预测模型,并且对预测模型进行检验评估,以此探寻不同地质区强降水型滑坡灾害的规律,为滑坡预测预报提供科学指导,推进气象灾害防御服务工作。

根据贵州省地质易发分区图(图 7.12)来看,遵义市分为两种地质等级,其中西北部和北部地区属于高易发区,而其他大部地区属于中易发区。因此首先将不同地质等级区 2010—2014 年的滑坡样本(表 7.11 和图 7.24)与该地区降水数据建立滑坡致灾统计预测模型,再利用不同地质等级区 2015—2016 年的滑坡灾害样本和降水对预测模型进行检验评估(图 7.24),订正已建立的滑坡致灾统计预测模型。主要运用统计方法完成对遵义市不同地质区滑坡临界雨量的分析研究。

表 7.11　遵义地区不同地质区不同时段滑坡样本个数(单位:个)

不同地质区	2010—2014 年	2015—2016 年
高易发区	25	1
中易发区	29	4

7.4.1　降雨强度历时分析

随着前期雨量渗入土壤中,改变斜坡的稳定度,减弱了滑坡体与土体之间的摩擦力,而在一定强度短时强降雨的作用下,斜坡的稳定度从量变发生质变从而激发滑坡发生。因此对不同地质区滑坡前 2 d 至滑坡当天不同强度的短时强降水历时进行统计(图 7.25)。统计结果显示:无论是高易发区的滑坡还是中易发区的滑坡,大于 10 mm/h 和 20 mm/h 降水绝大多数来自滑坡发生当天;位于高易发区的滑坡,滑坡当天大于 10 mm/h 的降水历时从 $1\sim8$ h 不等,平均2.6 h,而位于中易发区的滑坡,滑坡当天大于 10 mm/h 的降水历时从 $2\sim6$ h 不等,平均3.9 h;高易发区滑坡当天大于 20 mm/h 的降水历时从 $0\sim5$ h 不等,平均1.1 h,而中易发区滑坡当天大于 20 mm/h 的降水历时从 $0\sim3$ h 不等,平均1.3 h。由此可见,无论是中易发区还是高易发区,小时雨量大于 10 mm 是遵义市地区滑坡的起报条件;无论是大于 20 mm/h 还是 10 mm/h 的降水,中易发区的降水历时都长于高易发区的降水历时。

图 7.24　遵义地区滑坡发生点分布图

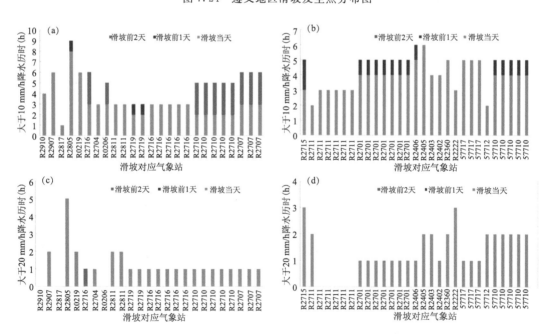

图 7.25　滑坡前 2 d 至滑坡当天各气象站不同降雨强度历时(a、c:高易发区;b、d:中易发区)

7.4.2　降水类型分析

不同的降水类型对激发滑坡的发生也有不同的影响,有研究表明(Tsai,2007;Lima et al,2002),可将相同降水总量的不同降水类型按小时降水量大小细分为平均型、中锋型、递增型和递减型 4 种类型(图 7.26)。其中按照洪峰流量的大小来看,递减型最大,其次是递增型、中锋型,最小的是平均型,按照洪峰流量到达的时间来看,递增型最短,其次是中锋型和平均型,最长的是递减型,按照激发雨量阈值来看,递增型最大,其次是中锋型和平均型,最小的是递减型。根据这 4 种分类,分别统计高易发区和中易发区滑坡的降水类型(表 7.12),从统计结果可以看出:无论是高易发区还是中易发区,中锋型所占比重最大,表明这是降水的主要类型。高易发区递减型比重大于中易发区,这可能是因为递减型所需的激发雨量阈值最小,因此该类型的降水易出现在高易发区。

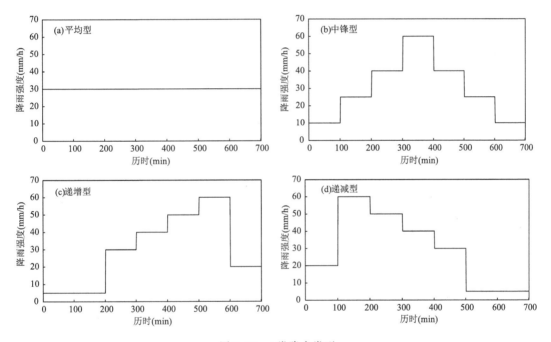

图 7.26　4 类降水类型

表 7.12　不同地质区滑坡的降水类型统计结果

降水类型	平均型	中锋型	递增型	递减型
高易发区	3	12	2	8
中易发区	13	15	1	0

7.4.3　滑坡临界雨量阈值模型

以滑坡当天、滑坡前 3 d 有效雨量与滑坡当天 1 h 最大雨量、3 h 最大雨量的 4 种不同组合来建立滑坡临界雨量预报模型,可确定出不同地质区滑坡发生的激发雨量(图 7.27 和图 7.28)。

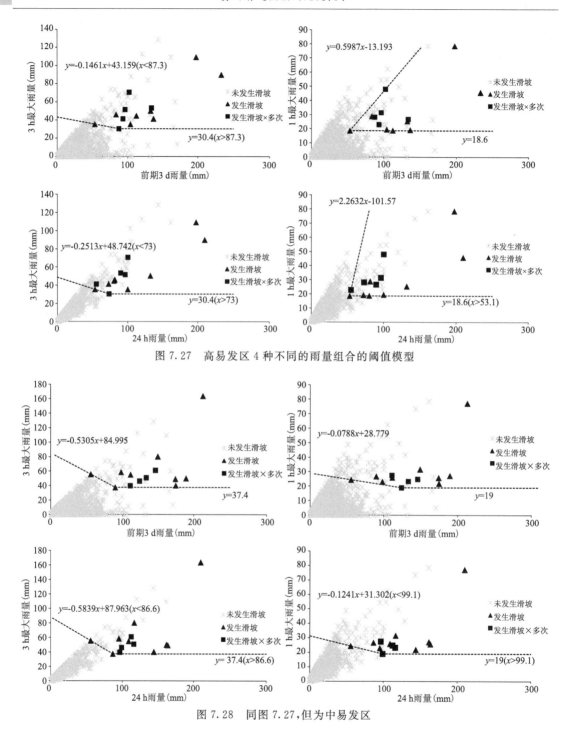

图 7.27　高易发区 4 种不同的雨量组合的阈值模型

图 7.28　同图 7.27,但为中易发区

　　假设临界雨量判别线以上发生滑坡和未发生滑坡样本均为预测样本,其中发生滑坡的样本为预测正确的样本,而未发生滑坡的样本为空报的样本即预测错误的样本。因此根据遵义市不同地质区 4 种不同雨量组合的滑坡临界雨量阈值模型,分别统计不同地质区各预测模型中滑坡预测正确率(表 7.13)。从统计结果来看,对于高易发区来说,滑坡当日 1 h 最大雨量与前期 3 d 的有效雨量组合的滑坡临界雨量阈值模型预报准确率最大,且滑坡当日 1 h 最大雨量与

滑坡当天 24 h 雨量组合的滑坡临界雨量阈值模型预报准确率也大于另外两种组合,因此可将滑坡当天 1 h 最大雨量作为遵义市地区高易发区滑坡发生的激发雨量。而对于中易发区来说,滑坡当日 3 h 最大雨量与滑坡当天 24 h 雨量组合的滑坡临界雨量阈值模型预报准确率最大,且滑坡当日 3 h 最大雨量与前期 3 d 的有效雨量组合的滑坡临界雨量阈值模型预报准确率也大于另外两种组合,因此可将滑坡当天 3 h 最大雨量作为遵义市地区中易区滑坡发生的激发雨量。

表 7.13　不同地质区 4 种不同雨量组合的滑坡临界雨量阈值模型的预报准确率

有效雨量与激发雨量组合	3 d 和 3 h_max	3 d 和 1 h_max	24 h 和 3 h_max	24 h 和 1 h_max
高易发区	30.5	51.0	31.6	42.4
中易发区	49.2	32.6	52.7	34.5

7.4.4　临界雨量阈值模型检验评估

利用不同地质区 2015—2016 年的滑坡灾害样本和降水对已经确定的滑坡临界雨量开展检验评估。表 7.14 给出了 2015—2016 年遵义市不同地质区新增滑坡信息,根据滑坡发生时间,统计前期有效雨量和激发雨量,根据已经确定的滑坡临界雨量预测模型,评估滑坡是否发生。

表 7.14　同表 7.13,但为调整后的预测模型

有效雨量与激发雨量组合	3 d 和 3 h_max	3 d 和 1 h_max	24 h 和 3 h_max	24 h 和 1 h_max
高易发区	33.7	45.3	34.9	44.6
中易发区	49.2	33.3	50.8	35.3

从图 7.29 可以看出,2015—2016 年新增滑坡点的前期 3 d 雨量(当日 24 h 雨量)与滑坡当天 3 h 最大雨量的点聚图(红圆点)均在滑坡判别线以内,表明该预测模型对这 4 次滑坡发

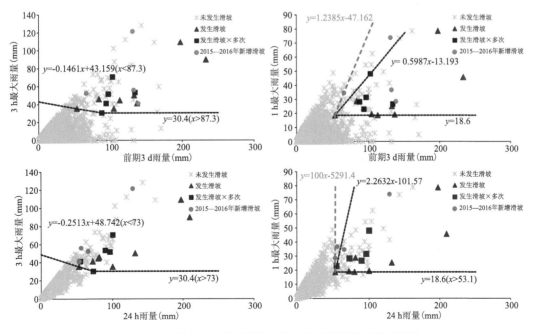

图 7.29　高易发区 4 种不同的雨量组合的阈值模型检验评估

生预测准确;而滑坡点的前期 3 d 雨量(当日 24 小时雨量)与滑坡当天 1 h 最大雨量的点聚图(红圆点)中有 2 个滑坡样本在滑坡判别线以内,2 个滑坡样本在滑坡判别线以外,表明该预测模型对这 4 次滑坡发生预测不够准确,因此需调整其滑坡判别线(红线),使调整后的预测模型对这 4 次滑坡发生预测准确。

与高易发区类似,采用相同的方法评估中易发区滑坡临界雨量阈值模型。从图 7.30 可以看出,2015—2016 年新增滑坡点的前期 3 d 雨量(当日 24 h 雨量)与滑坡当天 3 h 最大雨量的点聚图(红圆点)在滑坡判别线以外,表明该预测模型对这次滑坡发生预测不够准确,同样需调整其滑坡判别线(红线),使调整后的预测模型对这次滑坡发生预测准确;而滑坡点的前期 3 d 雨量(当日 24 小时雨量)与滑坡当天 1 h 最大雨量的点聚图(红圆点)中有 2 个滑坡样本在滑坡判别线以内,表明该预测模型对这次滑坡发生预测准确。

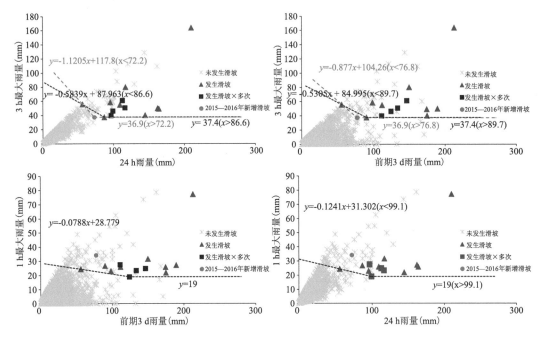

图 7.30　同图 7.29,但为中易发区

与上一节相类似,分别统计不同地质区调整后的各预测模型中滑坡预测正确率(表 7.14)。从统计结果来看,不同地质区调整后的预测模型其准确率均有所变化;对于高易发区来说,虽然调整后的滑坡当日 1 h 最大雨量与前期 3 d 的有效雨量组合滑坡临界雨量阈值模型预报准确率有所下降,但该滑坡临界雨量阈值模型预报准确率依旧最大,且滑坡当日 1 h 最大雨量与滑坡当天 24 h 雨量组合的滑坡临界雨量阈值模型预报准确率也大于另外两种组合,因此仍将滑坡当天 1 h 最大雨量作为遵义市高易发区滑坡发生的激发雨量。而对于中易发区来说,滑坡当日 3 h 最大雨量与滑坡当天 24 h 雨量组合的滑坡临界雨量阈值模型预报准确率也有所下降,但依旧最大,且滑坡当日 3 h 最大雨量与前期 3 d 的有效雨量组合的滑坡临界雨量阈值模型预报准确率也大于另外两种组合,因此仍将滑坡当天 3 h 最大雨量作为遵义市中易发区滑坡发生的激发雨量。

参考文献

白慧,高辉,2017.索马里越赤道气流对西南雨季开始早晚的影响[J].大气科学,41(4):702-712.

白慧,柯宗建,吴战平,等,2016.贵州冬季冻雨的大尺度环流特征及海温异常的影响[J].高原气象,35(5):1224-1232.

白慧,吴龙,2011a.安顺地区暴雨日数年际变化的气候特征[J].贵州气象,35(2):8-12.

白慧,吴战平,龙俐,等,2011b.贵州省2次重凝冻过程初期低空逆温的三维特征分析[J].云南大学学报(自然科学版),33(S1):61-69.

白慧,吴战平,龙俐,等,2013.基于标准化前期降水指数的气象干旱指标在贵州的适用性分析[J].云南大学学报(自然科学版),35(5):661-668.

白慧,张东海,帅士章,2014.贵州省冬季人体舒适度对温湿环境的响应[J].贵州气象,38(1):1-4.

常蕊,张庆云,彭京备,2008.中国南方多雪年环流特征及对关键区海温的响应[J].气候与环境研究,13(4):468-477.

陈百炼,吴战平,张艳梅,等,2014.贵州冬季电线积冰及其天气成因分析[J].气象,40(3):355-363.

陈洪凯,魏来,谭玲,2012.降雨型滑坡经验性降水阈值研究综述[J].重庆交通大学学报(自然科学版),31(5):990-996.

陈莉,方修琦,李帅,2007.气候变暖对中国严寒地区和寒冷地区南界及采暖能耗的影响[J].科学通报(10):97-100.

陈丽娟,顾微,丁婷,等,2016.2015年汛期气候预测先兆信号的综合分析[J].气象,42(4):496-506.

陈丽娟,李维京,2001.月动力延伸预报产品在三峡工程建设服务中的应用[J].气象,27(3):23-25.

陈烈庭,1977.东太平洋赤道地区海水温度异常对热带大气环流及我国汛期降水的影响[J].大气科学,1(1):1-12.

陈文,康丽华,王玎,2006.我国夏季降水与全球海温的耦合关系分析[J].气候与环境研究(3):17-27.

陈峪,姜允迪,陈鲜艳,等,2012.气候季节划分:QX/T152—2012[S].北京:气象出版社.

池再香,2000.厄尔尼诺事件与黔东南地区夏半年降水的关系[J].贵州气象(5):8-10.

丁继新,杨志法,尚彦军,等,2006.降雨型滑坡时空预报新方法[J].中国科学(D辑:地球科学),36(6):579-586.

丁一汇,李清泉,李维京,等,2004.中国业务动力季节预报的进展[J].气象学报,62(5):598-612.

丁一汇,梁萍,2010.基于MJO的延伸预报[J].气象,36(7):111-122.

丁一汇,王遵娅,宋亚芳,等,2008.中国南方2008年1月罕见低温雨雪冰冻灾害发生的原因及其与气候变暖的关系[J].气象学报,66(5):808-825.

杜小玲,高守亭,彭芳,2014.2011年初贵州持续低温雨雪冰冻天气成因研究[J].大气科学,38(1):61-72.

杜小玲,高守亭,许可,等,2012.中高纬阻塞环流背景下贵州强冻雨特征及概念模型研究[J].暴雨灾害,31(1):15-22.

杜小玲,蓝伟,2010.两次滇黔准静止锋锋区结构的对比分析[J].高原气象,29(5):1183-1195.

杜小玲,彭芳,武文辉,2010.贵州冻雨频发地带分布特征及成因分析[J].气象,36(5):92-97.

段均泽,刘长征,白素琴,2012.月动力延伸预报产品在新疆月尺度降水预测中的应用检验[J].沙漠与绿洲气象,6(6):61-64.

冯志江,李忠燕,吴坪键,2019.贵州秋绵雨的气候特征分析[J].贵州气象,43(1):28-32.

高杨,李滨,冯振,等,2017.全球气候变化与地质灾害响应分析[J].地质力学学报,23(1):65-77.

顾雷,魏科,黄荣辉,2008.2008年1月我国严重低温雨雪冰冻灾害与东亚冬季风系统异常的关系[J].气候与环境研究,13(3):405-418.

顾伟宗,陈丽娟,张培群,等,2007.基于月动力延伸预报最优信息的中国降水降尺度预测模型[J].气象学报,
　　2009,67(2):280-287.

何慧,欧艺,覃志年,2009.动力延伸预报产品在广西月尺度降水滚动预测中的释用[J].气象研究与应用,30
　　(1):15-18.

何金海,梁平,孙国武,2013.延伸期预报的思考及其应用研究进展[J].气象科技进展,3(1):11-17.

胡春丽,李辑,陈伯民,等,2013.低频天气图方法在辽宁夏季延伸期强降水预报中的应用[J].气象科技进展,3
　　(1):64-67.

胡基福,1996.气象统计原理与方法[M].青岛:青岛海洋大学出版社.

胡毅,李萍,杨建功,等,2007.应用气象学[M].北京:气象出版社.

黄菲,高聪晖,2012.东亚冬季气温的年际变化特征及其与海温和海冰异常的关系[J].中国海洋大学学报(自
　　然科学版)(09):11-18.

黄荣辉,陈际龙,周连童,等,2003.关于中国重大气候灾害与东亚气候系统之间关系的研究[J].大气科学,27
　　(4):341-358.

黄荣辉,顾雷,徐予红,等,2005.东亚夏季风爆发和北进的年际变化特征及其与热带西太平洋热状态的关系
　　[J].大气科学,29(1):20-36.

黄荣辉,刘永,王林,等,2012.2009年秋至2010年春我国西南地区严重干旱的成因分析[J].大气科学,36(3):
　　443-457.

黄荣辉,周连童,2002.我国重大气候灾害特征、形成机理和预测研究[J].自然灾害学报,11(1):1-9.

黄晓林,2003.贵州省干旱特点与防御对策[J].耕作与栽培(4):59-60.

贾小龙,陈丽娟,李维京,等,2010.BP-CCA方法用于中国冬季温度和降水的可预报性研究和降尺度季节预测
　　[J].气象学报,68(3):398-410.

蒋薇,孙国武,陈伯民,等,2011.江苏省汛期强降水过程的延伸期预报试验[J].气象科学,31(增刊):24-30.

金荣花,马杰,毕宝贵,2010.10～30 d延伸期预报研究进展的业务现状[J].沙漠与绿洲气象,4(2):1-5.

蓝柳茹,李栋梁,2016.西伯利亚高压的年际和年代际异常特征及其对中国冬季气温的影响[J].高原气象,35
　　(3):662-674.

李崇银,1992.华北地区汛期降水的一个分析研究[J].气象学报,50(1):41-49.

李登文,乔琪,魏涛,2009.2008年初我国南方冻雨雪天气环流及垂直结构分析[J].高原气象,28(5):
　　1140-1148.

李登文,杨静,吴兴洋,2011.2008年低温冰冻雨雪灾害天气过程中贵州电线积冰气象条件分析[J].气象,37
　　(2):161-169.

李清泉,晏红明,王东阡,2018.中国雨季监测指标　西南雨季:QX/T 396—2017[S].北京:气象出版社.

李汀,琚建华,2013.热带印度洋MJO活动对孟加拉湾西南夏季风季节内振荡的影响[J].气象学报,71(1):
　　38-49.

李维京,2012.现代气候业务[M].北京:气象出版社,202-315.

李秀珍,许强,2003.滑坡预报模型和预报判据[J].灾害学,18(4):71-78.

李艳,王式功,金荣花,等,2012.我国南方低温雨雪冰冻灾害期间阻塞高压异常特征分析[J].高原气象,31
　　(1):94-101.

李永华,徐海明,刘德,2009.2006年夏季西南地区东部特大干旱及其大气环流异常[J].气象学报,2009(1):
　　124-134.

李玉柱,许炳南,2001.贵州短期气候预测技术[M].北京:气象出版社.

李忠燕,2013.贵州省近30年秋风的气候特征分析[C].贵州省气象学会2013年学术年会.

李忠燕,严小冬,张娇艳,等,2016.贵州省近40 a夏季旱涝及其异常成因初步分析[J].贵州气象,40(2):1-7.

梁川,赵莉花,张博雄,2013.长江江源高寒地区气候变化对水文环境影响研究综述[J].南水北调与水利科技
　　(1):81-86.

梁萍,丁一汇,何金海,等,2010.江淮区域梅雨的划分指标研究[J].大气科学,34(2):418-428.

林爱兰,梁建茵,李春晖,2005.南海夏季风对流季节内振荡的频谱变化特征[J].热带气象学报,21(5):542-548.

林纾,陈丽娟,陈彦山,等,2007.月动力延伸预报产品在西北地区月降水预测中的释用[J].应用气象学报,18(4):555-560.

刘长征,杜良敏,柯宗建,等,2013.国家气候中心多模式解释应用集成预测[J].应用气象学报,24(6):677-685.

刘绿柳,孙林海,廖要明,等,2011.基于DERF的SD方法预测月降水和极端降水日数[J].应用气象学报,22(1):77-85.

刘少锋,陈红,林朝晖,2008.海温异常对2008年1月中国气候异常影响的数值模拟[J].气候与环境研究,13(4):500-509.

刘毓赟,陈文,2012.北半球冬季欧亚遥相关型的变化特征及其对我国气候的影响[J].大气科学,36(02):423-432.

罗一豪,李百毅,谢浩,2013.西藏高寒地区建筑室内热环境改善设计策略研究[J].四川建筑(3):45-47.

麻土华,李长江,孙乐玲,等,2011.浙江地区引发滑坡的降雨强度—历时关系[J].中国地质灾害与防治学报,22(2):20-25.

马锋敏,张传江,张超美,等,2011.DERF产品在江西汛期降水预测中的释用[J].气象与减灾研究,34(2):14-18.

马洁华,王会军,2014.一个基于耦合气候系统模式的气候预测系统的研制[J].中国科学:地球科学,44(8):1689-1700.

马力,廖代强,2003.重庆市山体滑坡气象条件等级预报业务系统[J].应用气象学报,14(1):122-124.

马振锋,2003.高原季风强弱对南亚高压活动的影响[J].高原气象,22(2):143-146.

闵俊杰,张金池,张增信,等,2012.近60年来南京市人体舒适度指数变化及其对温度的响应[J].南京林业大学学报(自然科学版),36(1):053-58.

欧建军,周毓荃,杨棋,等,2011.我国冻雨时空分布及温室结构特征分析[J].高原气象,30(3):692-699.

潘华利,欧国强,黄江成,等,2012.缺资料地区泥石流预警雨量阈值研究[J].岩土力学,33(7):2122-2126.

彭贵芬,余美兰,彭勃,等,2012.云南省冰冻灾害气象条件及风险评估——基于模糊信息分配方法的研究[J].自然灾害学报,21(2):150-156.

彭京备,张庆云,布和朝鲁,2007.2006年川渝地区高温干旱特征及其成因分析[J].气候与环境研究,12(3):464-474.

彭莉莉,戴泽军,罗伯良,等,2015.2013年夏季西太平洋副高异常特征及其对湖南高温干旱的影响[J].干旱气象(2):12-18.

彭茜,程李,2006.贵阳市夏旱发生的气候规律及大气环流特征分析[J].贵州气象,30(4):20-22.

钱永甫,张琼,张学洪,2002.南亚高压与我国盛夏气候异常[J].南京大学学报(自然科学版)(3):28-40.

强学民,杨修群,2008a.华南前汛期开始和结束日期的划分[J].地球物理学报,51(5):1333-1345.

强学民,杨修群,孙成艺,2008b.华南前汛期降水开始和结束日期确定方法综述[J].气象,34(3):10-15.

曲巧娜,李栋梁,熊海星,等,2012.冬季中东急流对中国西南地区覆冰形成的影响[J].大气科学,36(1):197-205.

宋连春,2012.中国气象灾害年鉴(2012)[M].北京:气象出版社.

苏维词,杨华,李晴,等,2006.我国西南喀斯特山区土地石漠化成因及防治[J].土壤通报(3):33-37.

孙国武,李震坤,信飞,2013.用低频天气图方法进行延伸期预报的探索[J].气象科技进展,3(1):6-10.

孙国武,信飞,陈伯民,等,2008.低频天气图预报方法[J].高原气象,27(增刊):64-68.

孙国武,信飞,孔春燕,等,2010.大气低频振荡与延伸期预报[J].高原气象,29(5):1142-1147.

孙建华,赵思雄,2008.2008年初南方雨雪冰冻灾害天气静止锋与层结结构分析[J].气候与环境研究,13(4):368-384.

孙昭萱,马振峰,杨小波,等,2016.低频天气图方法在四川盆地夏季延伸期强降水预报中的应用[J].高原山地气象研究,36(1):20-26.

覃志年,陈丽娟,唐红玉,等,2010.月尺度动力模式产品解释应用系统及预测技巧[J].应用气象学报,21(5):614-620.

陶诗言,卫捷,2008.2008年1月我国南方严重冰雪灾害过程分析[J].气候与环境研究,13(4):337-350.

陶玥,李宏宇,刘卫国,2013.南方不同类型冰冻天气的大气层结和云物理特征研究[J].高原气象,32(2):501-518.

万汉芸,聂祥,2001.ENSO年与我区夏季降水的关系[J].贵州气象(5):13-15.

王春林,陈慧华,唐力生,等,2012.基于前期降水指数的气象干旱指标及其应用[J].气候变化研究进展,8(3):157-163.

王芬,曹杰,李腹广,等,2015.贵州不同等级降水日数气候特征及其与降水量的关系[J].高原气象,34(1):145-154.

王芬,曹杰,唐浩鹏,等,2014.前期北太平洋海温异常对贵州夏季降水的影响[J].高原气象,33(4):925-936.

王芬,张娇艳,谷晓平,等,2017.西太平洋副热带高压不同特征指数与贵州夏季降水的关系[J].暴雨灾害,36(4):348-356.

王会军,薛峰,2003.索马里急流的年际变化及其对半球间水汽输送和东亚夏季降水的影响[J].地球物理学报,46(1):18-25.

王嘉媛,胡学平,许平平,等,2015.西南地区2次秋冬春季持续严重干旱气候成因对比[J].干旱气象,33(2):202-212.

王林,冯娟,2011.我国冬季降水年际变化的主模态分析[J].大气科学,35(6):1105-1116.

王霞,王青,1998.贵州的南亚热带气候[J].贵州科学,16(4):298-301.

王英,曹明奎,陶波,等,2006.全球气候变化背景下中国降水量空间格局的变化特征[J].地理研究,25(6):1031-1040.

王迎春,钱婷婷,郑永光,等,2003.对引发密云泥石流的局地暴雨的分析和诊断[J].应用气象学报,14(3):277-286.

王玥彤,2017.中国西南地区雨凇的气候异常特征及其影响因子[D].南京:南京信息工程大学.

王遵娅,2011.中国冰冻日数的气候及变化特征分析[J].大气科学,35(3):411-421.

王遵娅,丁一汇,何金海,等,2004.近50年来中国气候变化特征的再分析[J].气象学报,62(2):228-236.

韦京莲,赵波,董桂芝,1994.北京山区泥石流降雨特征分析及降雨预报初探[J].中国地质灾害与防治学报,1995(1):45-51.

卫捷,张庆云,陶诗言,2004.1999及2000年夏季华北严重干旱的物理成因分析[J].大气科学,28(1):125-137.

魏丽,陈双溪,边小庚,2007.暴雨型滑坡灾害因素分析及预测试验研究[J].应用气象学报,18(5):682-689.

吴俊杰,袁卓建,段炼,等,2014.前秋雪盖和海温异常对2008年1月南方低温雨雪天气的影响[J].热带气象学报,30(2):345-352.

吴统文,宋连春,刘向文,等,2013.国家气候中心短期气候预测模式系统业务化进展[J].应用气象学报,24(5):533-543.

吴战平,白慧,帅士章,等,2015.贵州高寒地区气象划分指标的探讨[J].贵州科学(3):82-87.

吴战平,白慧,严小冬,2011.贵州省夏旱的时空特点及成因分析[J].云南大学学报(自然科学版),33(S2):383-391.

吴战平,张娇艳,严小冬,2014.1961—2010年贵州冬季路面持续凝冰时间时空分布变化特征[J].南京信息工程大学学报:自然科学版(1):82-88.

伍红雨,王谦谦,2006.贵州夏季降水异常的环流特征分析[J].高原气象,25(6):1120-1126.

谢仁波,舒国勇,晏理华,等,2011.近40a铜仁地区雨量和雨日的变化特征[J].贵州气象(4):29-31.

信飞,孙国武,陈伯民,2008.自回归统计模型在延伸期预报中的应用[J].高原气象,27(增刊):69-75.

徐伟,邹瑜,徐宏庆,等,2012.民用建筑供暖通风与空气调节设计规范:GB50736—2012[S].北京:中国建筑工业出版社.

徐晓,肖天贵,麻素红,2010.西南地区气候季节划分及特征分析[J].高原山地气象研究,30(1):35-40.

徐亚敏,1999.东亚冬、夏季风的年代际振荡及其对夏季西太平洋副高和贵州降水的影响[J].贵州水力发电(1):46-49.

许炳南,2001.贵州夏季严重旱涝的环流异常特征[J].气象,27(8):45-48.

许炳南,2002.贵州夏季旱涝短期气候预测模型研究[J].高原气象,21(6):628-631.

许炳南,罗义芳,张之理,等,2006.中国气象灾害大典贵州卷[M].北京:气象出版社.

许炳南,张弼洲,黄继用,等,1997.贵州春旱、夏旱、倒春寒、秋风的规律、成因及长期预报研究[M].北京:气象出版社.

许丹,罗喜平,2003.贵州凝冻的时空分布特征和环流成因分析[J].高原气象,22(4):401-404.

许丹,王瑾,2000.贵州夏季降水场与北太平洋海温场的非同步相关研究[J].贵州气象(1):3-7.

薛峰,林一骅,曾庆存,2002.论大气环流的季节划分与季节突变Ⅲ:气候平均情况[J].大气科学,26(3):307-314.

严小冬,吴战平,古书鸿,2009.贵州冻雨时空分布变化特征及其影响因素浅析[J].高原气象,28(3):694-701.

晏红明,李清泉,孙丞虎,等,2013.中国西南区域雨季开始和结束日期划分标准的研究[J].大气科学,37(5):1111-1128.

杨贵名,孔期,毛冬艳,等,2008.2008年初"低温雨雪冰冻"灾害天气的持续性原因分析[J].气象学报,66(5):836-849.

杨辉,宋洁,晏红明,等,2012.2009/2010年冬季云南严重干旱的原因分析[J].气候与环境研究(3):67-78.

袁媛,李崇银,凌健,2015.不同分布型El Niño期间MJO活动的差异[J].中国科学(地球科学),45(3):318-334.

袁媛,李崇银,杨崧,2014.与厄尔尼诺和拉尼娜相联系的中国南方冬季降水的年代际异常特征[J].气象学报,72(2):237-255.

云南未来10～30年气候变化预估及其影响评估报告编写委员会,2014.云南未来10～30年气候变化预估及其影响评估报告[M].北京:气象出版社,86-87.

臧恒范,王绍武,1984.赤道东太平洋水温对低纬大气环流的影响[J].海洋学报(中文版)(1):18-26.

张邦林,曾庆存,1998.论大气环流的季节划分和季节突变Ⅱ:个别年份的分析[J].大气科学,22(2):129-136.

张东海,白慧,周文钰,等,2014.气候季节划分标准在贵州地区的适用性分析[J].高原山地气象研究,34(4):77-82.

张东海,白慧,周文钰,2015.西南雨季监测指标在贵州西部的适用性分析[J].贵州气象,39(3):27-31.

张娇艳,李扬,白慧,等,2015.贵州雨凇灾害指标初探[J].贵州气象,39(3):1-5.

张娇艳,王玥彤,吴站平,等,2018.贵州省冬季雨凇灾害预测模型的初构[J].贵州气象(3):38-43.

张强,邹旭恺,肖风劲,2006.气象干旱等级:GB/T 20481—2006[S].北京:中国标准出版社.

张庆云,卫捷,陶诗言,2003.近50年华北干旱的年代际和年际变化及大气环流特征[J].气候与环境研究,8(3):307-318.

张庆云,宣守丽,彭京备,2008.La Niña年冬季亚洲中高纬环流与我国南方降雪异常关系[J].气候与环境研究,13(4):385-394.

张琼,刘平,吴国雄,2003.印度洋和南海海温与长江中下游旱涝[J].大气科学,27(6):45-59.

张书余,2008.干旱气象学[M].北京:气象出版社.

张天宇,唐红玉,雷婷,等,2014.重庆夏季旱涝急转与大气环流异常的联系[J].云南大学学报(自然科学版),36(1):79-87.

章大全,郑志海,陈丽娟,等,2019.10～30 d延伸期可预报性与预报方法研究进展[J].应用气象学报,2019,30(4):416-430.

章国材,2014.自然灾害风险评估与区划原理和方法[M].北京:气象出版社.

赵海燕,高歌,张培群,等,2011.综合气象干旱指数修正及在西南地区的适应性[J].应用气象学报,22(6):698-705.

赵珊珊,高歌,张强,等,2010.中国冰冻天气的气候特征[J].气象,36(3):34-38.

赵思雄,孙建华,2008.2008年初南雨雪冰冻天气的环流场与多尺度特征[J].气候与环境研究,13(4):351-367.

赵永晶,钱永甫,2009.全球海温异常对中国降水异常的影响[J].热带气象学报,25(5):561-570.

中国气象局,2003.地面气象观测规范[M].北京:气象出版社.

中华人民共和国住房和城乡建设部,2012.GB 50736—2012 民用建筑供暖通风与空气调节设计规范[S].北京:中国建筑工业出版社.

周涛,2004.贵州夏季降水与环境场[J].贵州气象,28(S1):19-22.

周涛,白慧,李忠燕,等,2017.贵州夏季水汽输送与旱涝的关系[J].科技资讯(13):78-83.

朱宝文,侯俊岭,严德行,等,2012.青海高寒地区采暖与气象条件关系[J].应用气象学报(5):128-130.

朱君,向卫国,赵夏菁,2011.贵州导线覆冰的致灾机理研究[J].高原山地气象研究,31(4):42-50.

朱乾根,林锦瑞,寿绍文,等,2007.天气学原理和方法(第四版)[M].北京:气象出版社.

宗海锋,张庆云,布和朝鲁,等,2008.黑潮和北大西洋海温异常在 2008 年 1 月我国南方雪灾中的可能作用的数值模拟[J].气候与环境研究,13(4):491-499.

宗海锋,张庆云,陈烈庭,2008.东亚—太平洋遥相关型形成过程与 ENSO 盛期海温关系的研究[J].大气科学,32(2):26-36.

Ashok K,Behera S K,Rao S A,et al,2007. El Niño Modoki and its possible teleconnection[J]. J Geophys Res,112:C11007.

Baldwin M P,Stephenson D B,Thompson D W,et al,2003. Stratospheric memory and skill of extended-range weather forecast[J]. Science,301(5633):636-640.

Chan J C L,Li C Y,2004. The East Asian winter monsoon[C]//Chang C P. East Monsoon. Singapore:World Scientific Publishing Co. Pet. Ltd. 54-106.

Chang Kang-Tsung,Chiang Shou-Hao,2009. An integrated model for predicting rainfall induced landslides[J]. Geomorphology,105:366-373.

Deser C,Wallace J M,1990. Large-scale atmospheric circulation features of warm and cold episodes in the tropical Pacific[J]. J Climate,3(11):1254-1281.

Entin J K,Robock A,Vinnikov K Y,et al,2000. Temporal and spatial scales of observed soil moisture variations in the extratropic[J]. J Geophys Res,105(D9):11865-11877.

Frederiksen J S,Lin H,2013. Tropical-extratropical interactions of intra-seasonal oscillations[J]. J Atmos Sci,70(10):3180-3197.

Gong D Y,Wang S W,Zhu J H,2001. East Asian Winter Monsoon and Arctic Oscillation[J]. Geophysical Research Letters,28(10):2073-2076.

Guzzetti F,Peruccacci S,Rossi M,et al,2007. Rainfall thresholds for the initiation of landslides in central and southern Europe[J]. Meteorology and Atmospheric Physics,98:239-267.

Hoerling M P,Kumar A,Zhong M,1997. El Niño,La Niña,and nonlinearity of their teleconnections[J]. J Climate,10(8):1769-1786.

Jeong J H,Linderholm H W,Woo S H,et al,2013. Impact of snow initialization on sub-seasonal forecasts of surface air temperature for cold season[J]. J Climate,26(6):1956-1972.

Lehtonen I,Karpechko A Y,2016. Observed and modeled tropospheric cold anomalies associated with sudden stratospheric warming[J]. J Geophys Res,121(4):1591-1610.

Li S,Robertson A W,2015. Evaluation of sub-monthly precipitation forecast skill from global ensemble prediction systems[J]. Mon Wea Rev,143(7):2871-2889.

Lima J L M P de,Singh V P,2002. The influence of rainfall pattern of moving rainstorms on overland flow[J]. Advances in Water Resources,25:817-828.

Liu R F, Wang W, 2015. Multi-week prediction of South-East Asia rainfall variability during boreal summer in CFSv2[J]. Climate Dyn, 45(1-2):493-509.

MacLachlan C, Arribas A, Peterson K A, et al, 2015. Global Seasonal forecast system version 5 (GloSea5): A high-resolution seasonal forecast system[J]. Quart J Roy Meteor Soc, 141(689):1072-1084.

Moss R H, Edmonds J A, Hibbard K A, et al, 2010. The next generation of scenarios for climate change research and assessment [J]. Nature, 463(7282):747-756.

North G R, Bell T L, Cahalan R F, et al, 1982. Sampling errors in the estimation of Empirical Orthogonal Functions[J]. Monthly Weather Review, 110(7):699-706.

Orsolini Y J, Senan R, Balsamo G, et al, 2013. Impact of snow initialization on sub-seasonal forecasts[J]. Climate Dyn, 41(7-8):1969-1982.

Ren Baohua, Huang Ronghui, 1999. Interannual variability of the convective activities associated with the East Asian summer monsoon seen from TBB variability[J]. Adv Atmos Sci, 16:77-90.

Robertson A W, Kumar A, Pena M, et al, 2015. Improving and promoting sub-seasonal to seasonal prediction[J]. Bull Amer Meteor Soc, 96(3):ES49-ES53.

Saha S, Moorthi S, Pan H L, et al, 2012. The NCEP climate forecast system version 2[J]. Journal of Climate, 27(6):2185-2208.

Stan C, Straus D M, Frederiksen J S, et al, 2017. Review of tropical-extratropical teleconnections on intraseasonal time scales[J]. Rev Geophys (7):902-937.

Taylor K E, Stouffer B J, Meehl G A, 2012. An overview of CMIP5 and the experiment design [J]. Bull Amer Meteor Soc, 93 (4):485-498.

Thompson D W J, Baldwin M P, Wallace J M, 2002. Stratospheric connection to Northern Hemisphere winter-time weather: Implications for prediction[J]. J Climate, 15(12):1421-1428.

Tsai Tung-Lin, 2007. The influence of rainfall pattern on shallow land-slide[J]. Environmental Geology, 53(7):1563-1569.

Vinnikov K Y, Yeserkepova I B, 1991. Soil moisture: Empirical data and model result[J]. J Climate, 4(1):66-79.

Vuuren D P V, Edmonds J, Kainuma M, et al, 2011. The representative concentration pathways: An overview[J]. Climatic Change, 109(1-2):5-31.

Waliser D E, Lau K M, Stern W, et al, 2003. Potential predictability of the Madden-Julian oscillation[J]. Bulletin of the American Meteorological Society, 84(1):33-50.

Wang J, Wen Z, Wu R, et al, 2016. The mechanism of growth of the low-frequency East Asia-Pacific teleconnection and the triggering role of tropical intra-seasonal oscillation [J]. Climate Dyn, 46 (11-12): 3965-3977.

Wang X, Wang D X, Zhou W, et al, 2012. Interdecadal modulation of the influence of La Niña events on Meiyu rainfall over the Yangtze River valley[J]. Adv Atmos Sci, 29(1):157-168.

Wheeler M, Hendon H H, 2004. An all-season real-time multivariate MJO index: Development of the index for monitoring and prediction in Australia[J]. Mon Wea Rev, 132(8):1917-1932.

Wu B, Li T, Zhou T J, 2010. Asymmetry of atmospheric circulation anomalies over the western North Pacific between El Niño, LaNiña[J]. J Climate, 23(18):4807-4822.

Yang F, Kumar A, Wang H M, et al, 2001. Snow-albedo feedback and seasonal climate variability over North America[J]. J Climate, 14(22):4245-4248.

Yang Hui, Li Chongyin, 2003. The relation between atmospheric intra-seasonal oscillation and summer severe flood and drought in the Changjiang-Huaihe River Basin[J]. Advances in Atmospheric Sciences, 20(4):540-553.

附录 A
月内强降水过程预测业务产品检验方法

——Zs 和 Cs 检验

A1 Zs(月内强降水过程评分方法)

Zs 评分方法主要考核强降水过程预测是否正确,不严格考核过程降水强度,从预报正确的过程数、空报的过程数、漏报的过程数三方面综合给出预测的得分值。

(1)预测正确的过程和空报过程数

对降水过程而言,预测正确的过程是指所预测的强降水过程的强度 Pc 满足强降水过程条件(即:Pc≥Pt,或 Pb≥3Pt),不满足则为空报。月内正确次数累计为正确数,月内空报次数累计为空报数。

这里的 Pc、Pb、Pt 的定义和意义参见中国气象局《月内强降水过程预测业务规定(试行)》。其中,

Pc:某过程降水的强度;

Pb:某过程内的最大日降水量;

Pt:强降水阈值,即界定某过程降水的强度是否为强降水过程的阈值,贵州省取值 10 mm。

(2)漏报过程数

所预测的若干次强降水过程,包含月内最强 2 次日降水,则无漏报。未包含最强 2 次日降水,则为漏报,漏报数最多记 2 次。漏报次数累计为漏报数。这里所指的 2 个最强降水日的实况降水量须大于等于 Pt,否则为无漏报。

(3)单站 Zs 评分的计算

Zs=(预测正确的过程数)/(预测正确过程数+空报过程数+漏报过程数)

若:预测正确过程数+空报过程数+漏报过程数=0,即实况没有出现强降水过程,也无该站无强降水过程预测,则该站不作记分处理。

(4)区域预测 Zs 评分

区域预测 Zs 评分=区域内各考核站 Zs 的平均值。

A2　Cs(月内强降水过程评分方法)

Cs 评分方法是针对强降水过程预测正确、空报、漏报的天数进行评分。

(1)过程降水条件

对降水过程而言,指预测强降水过程中的每日降水量 Pi 都大于等于强降水阈值 Pt,即 Pi≥Pt。

(2)预测正确的日数、空报日数和漏报日数

对降水过程而言,预测正确日数是指满足降水过程条件(即 Pi≥Pt)的降水日包含在降水过程预测时段内的日数(容许偏差 1 日)。

空报日数指过程预测时段内未出现满足降水条件等级的日数。

漏报日数指未包含在过程预测时段内(偏差 2 日及以上)的满足降水条件等级的日数。

这里的 Pi 的定义和意义参见中国气象局《月内强降水过程预测业务规定(试行)》。

(3)单站 Cs 评分的计算

对应过程等级的单站 Cs 评分公式为:

Cs=(预测正确日数)/(预测正确日数+空报日数+漏报日数)

若:预测正确日数+空报日数+漏报日数=0,也就是说实况没有出现强降水过程(强降温过程),也无该站有强降水过程(强降温过程)预测,则该站不作记分处理。

(4)区域预测 Cs 评分

区域预测 Cs 评分=区域内各考核站 Cs 的平均值。

附录 B

月、季气候趋势预测业务产品检验方法

——距平符号一致率(同号率,Pc)检验

主要反映预报与实况的正、负趋势相似程度,是过去我国长期天气预报中用来检验的一种有效方法,是指预测值与实况值距平符号相同,或是有一个距平为 0 的气象站站数与评分的气象站总数的百分比。

$$Pc = \frac{N_t}{N} \times 100$$

式中,N 为评分的气象站总站数,N_t 为预测与实况距平(距平百分率)符号相同或两者中有一个距平为 0 的气象站站数。

附录 C

月、季气候趋势预测业务产品检验方法

——趋势异常综合(Ps)检验
(2013 年 9 月)

C1 预测表述

月、季气候趋势预测采用六分类预测描述。在气候业务中,通常认为当气温、降水距平超过 1 个标准差时为异常(降水特多特少、气温特高特低),当气温、降水距平超过 0.5 个标准差且小于 1 个标准差时为较异常(降水偏多偏少、气温偏高偏低),小于 0.5 个标准差时为正常。因此该方法首先统计逐月逐站(160 站)气温、降水分别 0.5 和 1 个标准差分布情况,并将其转化为降水距平百分率和气温距平。分析后认为过去业务评分中对气温使用 2 ℃和 1 ℃、对降水使用 5 成和 2 成来表征特多(高)特少(低)、偏多(高)偏少(低)是可行的。在此基础上,制定该方法。该方法气候平均时段为 1981—2010 年。

C2 综合评分原则

该方法主要分别考虑预报的趋势项、异常项和漏报项(异常量级漏报,详细请参看具体说明)。

趋势是以预报和实况的距平符号是否一致为判断依据,采用逐站进行评判。当预测(A)和实况距平(距平百分率,B)符号一致时认为该站预测正确(表 C.1 和表 C.2)。

表 C.1　降水预测的趋势评分标准

预测	实况					
	$B \geqslant 50\%$	$50\% > B \geqslant 20\%$	$20\% > B \geqslant 0$	$0 > B > -20\%$	$-20\% \geqslant B > -50\%$	$B \leqslant -50\%$
$A \geqslant 50\%$	√	√	√	×	×	×
$50\% > A \geqslant 20\%$	√	√	√	×	×	×
$20\% > A \geqslant 0$	√	√	√	×	×	×
$0 > A > -20\%$	×	×	×	√	√	√
$-20\% \geqslant A > -50\%$	×	×	×	√	√	√
$A \leqslant -50\%$	×	×	×	√	√	√

表 C.2　气温预测的趋势评分标准

预测	实况					
	$B \geq 2\ ℃$	$2\ ℃ > B \geq 1\ ℃$	$1\ ℃ > B \geq 0$	$0 > B > -1\ ℃$	$-1\ ℃ \geq B > -2\ ℃$	$B \leq -2\ ℃$
$A \geq 2\ ℃$	√	√	√	×	×	×
$2\ ℃ > A \geq 1\ ℃$	√	√	√	×	×	×
$1\ ℃ > A \geq 0$	√	√	√	×	×	×
$0 > A > -1\ ℃$	×	×	×	√	√	√
$-1\ ℃ \geq A > -2\ ℃$	×	×	×	√	√	√
$A \leq -2\ ℃$	×	×	×	√	√	√

异常是以考察预报对一级异常($50\% > X \geq 20\%$，$-20\% \geq X > -50\%$；$2\ ℃ > X \geq 1\ ℃$，$-1\ ℃ \geq X > -2\ ℃$)和二级异常($\geq 50\%$，$\leq -50\%$；$\geq 2\ ℃$，$\leq -2\ ℃$)的预报能力。采用逐站、逐级进行评判(表 C.3～表 C.6)。

表 C.3　降水的一级异常预报评分标准

预报	实况			
	$B \geq 50\%$	$50\% > B \geq 20\%$	$-20\% \geq B > -50\%$	$B \leq -50\%$
$50\% > A \geq 20\%$	×	√	×	×
$-20\% \geq A > -50\%$	×	×	√	×

表 C.4　气温的一级异常预报评分标准

预报	实况			
	$B \geq 2\ ℃$	$2\ ℃ > B \geq 1\ ℃$	$-1\ ℃ \geq B > -2\ ℃$	$B \leq -2\ ℃$
$2\ ℃ > A \geq 1\ ℃$	×	√	×	×
$-1\ ℃ \geq A > -2\ ℃$	×	×	√	×

表 C.5　降水的二级异常预报评分标准

预报	实况	
	$B \geq 50\%$	$B \leq -50\%$
$A \geq 50\%$	√	×
$A \leq -50\%$	×	√

表 C.6　气温的二级异常预报评分标准

预报	实况	
	$B \geq 2\ ℃$	$B \leq -2\ ℃$
$A \geq 2\ ℃$	√	×
$A \leq -2\ ℃$	×	√

评分步骤如下：

(1)逐站判定预报的趋势是否正确，统计出趋势预测正确的总站数 $N0$；

（2）逐站判定一级异常预报是否正确,统计出一级异常预测正确的总站数 $N1$;

（3）逐站判定二级异常预报是否正确,统计出二级异常预测正确的总站数 $N2$;

（4）没有预报二级异常而实况出现降水距平百分率$\geq100\%$或等于-100%、气温距平$\geq3\ ℃$或$\leq-3\ ℃$的站数(称为漏报站,记为 M);

（5）统计实际参加评估的站数 N,即规定参加考核站数减去实况缺测的站数;

（6）使用公式

$$Ps = \frac{a \times N0 + b \times N1 + c \times N2}{(N - N0) + a \times N0 + b \times N1 + c \times N2 + M} \times 100$$

式中,a、b 和 c 分别为气候趋势项、一级异常项和二级异常项的权重系数,本办法分别取 $a=2$,$b=2$,$c=4$。

附录 D
气候趋势预测业务产品检验方法

——距平相关系数(Acc)检验
(2012 年 12 月)

D1 距平相关系数评分原则

使用降水距平百分率和平均气温距平计算距平相关系数。用下式表示:

$$ACC = \frac{\sum_{i=1}^{N}(\Delta R_f - \overline{\Delta R_f})(\Delta R_0 - \overline{\Delta R_0})}{\sqrt{\sum_{i=1}^{N}(\Delta R_f - \overline{\Delta R_f})^2 \sum_{i=1}^{N}(\Delta R_0 - \overline{\Delta R_0})^2}}$$

式中,ΔR_f、$\overline{\Delta R_f}$ 为降水距平百分率(或平均气温距平)的预报值及其多年平均值;ΔR_0、$\overline{\Delta R_0}$ 为相应观测值;N 为实际参加评估的总站数。

注:若预报值为相同数值,则无法使用 ACC 进行评估。网页中显示为 999 或 /。